KB139382

# 미래의 도시

한림SA 17

SCIENTIFIC AMERICAN™

스마트 시티는 어떻게 건설되는가?

# 미래의 도시

사이언티픽 아메리칸 편집부 엮음
김일선 옮김

Designing the Urban Future

**Smart Cities**

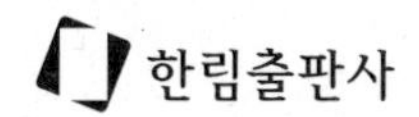

# 들어가며

## 미래 도시의 설계

누구나 새로운 기기에는 큰 기대를 건다. 새로 개발되는 수많은 기기들은 다양한 기능을 갖추고 있음은 물론, 외부 자극이나 패턴, 정보에 반응하고 여러 가지 문제에 적용되도록 제작된다. 충돌을 미리 감지해서 자동적으로 브레이크가 작동하는 자동차도 개발 중이다. 나노 기술을 이용해 온도에 따라 빛을 반사하거나 통과시키면서도 어두워지지 않는 유리도 개발되고 있다. 가정용 온도 조절기는 거주자의 생활 패턴을 학습해서 스스로 언제 어떻게 동작할지를 판단한다. 많은 전화기는 스마트폰으로 바뀌었다. TV도 지능형으로 바뀐 지 오래다. 이런 식으로 가다 보면 결국 '인간이 만드는 모든 사물'에 지능을 부여하는 것과 마찬가지일 것이다. 논리적으로 볼 때 진전의 다음 단계는 더욱 쾌적하고 효과적이면서, 경제적으로도 지속 가능하고, 건전한 미래를 만드는 데 필요한 도시를 건설하는 일이 된다.

스마트 시티라는 새로운 개념은 대체 어떤 의미일까? 이 우아한 명칭에는 단지 최신 기술을 활용한다거나 지속 가능한 도시를 만들어 살아간다는 의미 이상이 담겨 있다. 1부 '미래의 도시'에서는 '스마트' 시티를 구성하는 요소에 대해서 살펴본다. 우선 떠오르는 어휘는 지속 가능한, 협력적인, 연결된, 효율적인 등이다. 넓게 생각하면 《미래의 도시》는 활발한 경제 활동을 촉진하면서 높은 삶의 질을 제공하고, 대도시가 어떻게 하면 더 살기 좋은 곳이 되도록 만들 수 있는지 서술하는 몇 가지 이야기라고 할 수 있다. 데이비드 비엘로(David Biello)가 쓴 글 두 편은 기존 도시와 새롭게 건설되는 신도시에서의 지속 가능성에 대해 살펴본다. 마이클 이스터(Michael Easter)와 게리 스틱스(Gary Stix)가 쓴 '살기 좋은 도시를 위한 다양한 의견'에서는 도시가 더욱 살기 좋은 곳이 되도록 만들려면 도시의 고위 관계자들이 혁신 정책을 담당할 사람을 임명할 필요가 있다고 주장한다.

2부 '원동력 : 혁신과 창의성'에서는 도시가 지닌 최고의 역량인 인적 자원을 최대한 활용하는 방법을 찾아본다. 카를로 라티(Carlo Ratti)와 앤서니 타운센드(Anthony Townsend)가 쓴 '사회적 결합'에서는 인간과 창의력이 주된 동력이 될 것이라고 주장한다. 향후(현재 진행형이기도 하다) 다원화되는 경제에서 빈민가가 담당할 역할에 대한 흥미로운 글 '전 세계를 연결하는 시장'에서 로버트 뉴워스(Robert Neuwirth)는 전 세계적으로 빈민가 거주자들이 어떤 일을 일으키는지 살펴본다.

3부에서는 시카고 시가 온실가스를 대폭 감축하려고 구상 중인 새로운 생각을 다룬 '환경 도시로 변모하는 시카고'를 포함해서 기후 변화에 대한 도시의 대응을 살펴본다.

같은 맥락에서 '효율적'인 건물이란 무엇인가를 살펴보는 4부에는 LEED 인증의 장단점을 다룬 글 두 편이 실려 있다. 마크 램스터(Mark Lamster)가 쓴 '초고층 성'에서는 '녹색' 건물로 새롭게 태어나는 초고층 빌딩을 분석하고 왜 이런 대규모 빌딩이 9·11 테러 이후에도 줄어들기는커녕 오히려 늘어나는지를 살펴본다.

이후에도 스마트 시티의 여타 특징을 살펴본다. 5부 '재생 가능 전력', 6부

'편리한 교통수단', 7부 '깨끗한 물' 등이다. 캘리포니아 주 북서부 지역에서 폐수와 지열을 이용하는 발전소를 다룬 제인 브랙스턴 리틀(Jane Braxton Little)의 글 '폐수에서 얻는 청정에너지'와, 도시가 지속적으로 번성하기 위해서 꼭 고려해봐야 하는 측면을 다룬 마이클 웨버(Michael E. Webber)의 '진퇴양난 : 물과 에너지의 대결'은 주목할 만하다.

마지막으로 8부에는 청정 도시를 만듦으로써 시민들의 건강을 증진시키는 방법 그리고 빈민가 거주자들의 삶을 개선하는 데 필요한 저소득층 분포 지도 작성 등 도시에서의 공공건강에 대한 이야기가 실려 있다. '포틀랜드에 천연두가 퍼진다면…'에서는 에피심스(EpiSims)라는 프로그램을 이용해서 공공건강 전문가들이 효과적으로 질병 확산을 예측하는 방법을 보여준다.

'스마트 시티'가 무엇인지는 여전히 명확히 정의하기 어렵지만, 이미 크고 작은 여러 도시에서 지속 가능성, 번영, 경쟁력 유지 등의 주제가 많은 사람들의 핵심 관심 사항이 된 지 오래다. 기후 변화나 물 부족처럼 당장이라도 닥칠 수 있는 위기에 대응하려면, 모든 계층의 시민이 더 쾌적한 환경에서 살아가려면, 지속 가능한 경제와 사회적 개발을 추구하려면 가장 현명한 방법은 도시를 더욱 지능적인 곳으로 만드는 일일 것이다.

CONTENTS

# 1

# 미래의 도시

# 1-1 초거대 도시: 2030년까지 세 배 증가하는 도시 면적

데이비드 비엘로

2030년이면 전 세계 인구 90억 명의 절반이 넘는 사람들이 도시와 도시 주변 지역에 거주하게 되고, 도시 면적은 120만 제곱킬로미터가 확대되어 지금의 세 배에 이를 것이다. 이는 지금보다 13억 5,000만 명 이상 많은 인구가 도시에 거주하게 되고, 현재 지표면의 약 3퍼센트를 차지하는 도시 영역이 지속적으로 확장된다는 의미이기도 하다. 이와 대조적으로, 1970~2000년의 도시 면적은 불과 5만 8,000제곱킬로미터 증가했을 뿐이다.

예일대학교 삼림환경연구소의 도시환경학자 카렌 세토(Karen Seto)는 《미국 국립과학아카데미 학술지(Proceedings of the National Academy of Sciences)》에 실린 논문에서 전 세계 국가별 국내총생산(GDP) 성장과 인구 증가 예상치, 2000년 현재의 도시 면적을 이용해 지구의 모든 육지를 작은 구역으로 나누고, 향후 몇십 년간 각 구역이 도시화될 확률을 계산했다. 이 모형을 이용하면, 120만 제곱킬로미터의 토지가 도시화될 가능성이 75퍼센트가 넘었고, 전체적으로 600만 제곱킬로미터의 토지가 도시화될 가능성이 있는 것으로 나타났다.

세토는 설명한다. "2030년에 도시화될 곳 중 반 이상이 아직 아무것도 지어지지 않은 상태입니다. 도시 지역의 확장은 생물다양성 보존 중요 지점(biodiversity hot spot)에 직접 영향을 미칩니다."

최근 몇십 년간 꾸준히 그랬듯이 도시 지역 증가의 55퍼센트는 인도와 중국에서의 대규모 도시화로 인해 일어난다. 예를 들면 중국 항저우와 선양 사이에도 미국 워싱턴DC와 보스턴 사이처럼 대도시가 연속적으로 자리 잡을 가능성이 있다. 그러나 가장 급격하게 도시화가 일어날 곳은 기니 만 연안 서아프리카 해안 지역과 남쪽 끝 빅토리아 호 주변, 그리고 부룬디, 케냐, 르완다, 우간다를 포함하는, 아프리카에서 한창 개발이 이루어지는 지역들이다.

이는 지구에 사는 인간을 제외한 다양한 동물, 식물, 미생물들에게 그리 좋지 않은 소식이다. 동부 아프로몬테인, 아프리카 서부 기니 삼림지대, 인도 서고츠 산맥과 스리랑카 등은 모두 생물다양성이 풍부한 지역이다. 하지만 이곳에서도 이미 큰 타격을 입은 양서류, 조류, 포유류 들이 급속한 도시화로 인해 지속적으로 자신의 영역을 잃어간다. 세토의 연구진은 도시화가 가장 악영향을 미칠 지역으로 중남미를 꼽는다.

이처럼 토양의 사용 방법이 바뀌면 기후 변화의 원인이 되는 온실가스 방출이 더욱 증가한다는 분석 결과도 있다. 삼림이 도로, 빌딩, 주택으로 바뀌면 대략 탄소 13억 8,000만 톤이 방출된다. 실제로 전 세계 이산화탄소 발생량의 최소 70퍼센트가 도시에서 만들어진다. 세토는 주장한다. "인간에게 도시가 어떤 곳인지에 대해 더욱 세심한 사회적 접근이 필요합니다. 도시의 확장이 무계획적으로 이루어지는 경우가 많습니다."

물론 이것은 동물이나 대기에만 나쁜 소식이 아니다. 무계획적 도시화 때문에 인간도 신선한 물과 음식을 얻기 어려워질 수 있다. 또한 도시화의 영향은 도시 내부에만 머무르지 않는다. 멜버른이나 시드니에 사는 전형적 오스트레일리아인은 오스트레일리아 대륙 전체에서 온실가스를 방출하고, 물길을 바꾸고, 토양의 용도를 바꾸며 살아간다. 연구진은 말한다. "도시는 항상 도시에서 떨어진 배후 지역을 비롯해 별도의 다양한 지역에 의존해 식량과 연료를 확보하고 폐기물을 처리해왔습니다."

그렇다고 도시화의 억제가 해결책이 되지도 못한다. 도시화 없이 지속적 인구 성장이 이루어지면 영세 농업이 더욱 증가해 만성적 빈곤을 유발하므로 환경에는 오히려 더 큰 재앙이 될 수 있다. 도시화 문제를 연구하는 산타페연구소의 물리학자 루이스 베텐코트(Luis Bettencourt)는 아프리카나 인도 등 개발도상국의 도시화가 잘못 진행되면 많은 인구가 계속해서 런던, 로스앤젤레스 등 선진국 대도시로 밀려드는 결과를 지켜보게 될 거라고 주장한다. 사실 세토의 연구진이 사용한 모형에 따르면 북아메리카 지역의 도시들은 2030년까지 면적이 두 배로 늘어날 것으로 예상된다.

이는 향후 20여 년간 전 세계가 어떤 식으로 성장할지 보여주는 지표이기도 하다. 세토는 지적한다. "어떤 형태의 도시화가 환경과 사회에 부담이 되는 영향을 최소화할지, 그리고 그 영향이 어떤 식으로 나타날지 더 많은 연구가 이루어져야 합니다." 그녀의 연구팀은 환경에 미치는 영향을 최소화하는 핵심 지표인 전 세계적 인구밀도를 활용해서 연구를 확장하려는 계획을 갖고 있다. 또한 산업화 이후 전 세계에 엄청나게 많이 만들어진 기존 기반시설, 이를테면 값싼 전기를 만들어내지만 상당한 오염을 발생시키는 석탄 화력발전소, 에너지 집약적 통근이 필요하게끔 매우 먼 거리에 떨어져 있는 산업 지역과 거주 지역 등에 발목 잡히는 문제도 해결해야 한다. 일부 연구에서는 2030년까지 이런 식의 도시화가 이루어지는 데 30조 달러가 들 것으로 예상하기도 한다.

물론 "도시가 에너지 절감이나 환경보호 목적으로 만들어지거나 확장된 적은 없다"는 베텐코트의 지적은 옳다. 그렇긴 해도 도시는 기본적으로 그런 목표를 추구하는 곳이기도 하다. 빈민가의 특징 중 하나는 높은 인구밀도인데, 토지 가격이 비싼 도심에서도 높은 빌딩을 지어 인구밀도를 높이고 많은 기업이 들어오게 해서 더 많은 교통 수요를 만들어낸다. 그는 다음과 같이 맺는다. "이것이 대도시가 많은 인구를 감당하는 방법 가운데 하나입니다. 이런 측면들은 개발 단계부터 의식적·체계적으로 다뤄져야 합니다."

# 1-2 도시의 지속 가능성 높이기

윌리엄 리스

런던, 파리, 로마, 뉴욕……. 문명을 대표적으로 나타내는 무언가가 있다면 그건 바로 '도시'다. 오늘날 인류 절반은 도시에 살며, 이 비율은 몇십 년 내에 75퍼센트에 이를 것이다.

물론 그렇지 않을 수도 있다. 제멋대로 뻗어나간 북아메리카의 도시는 특히 값싼 에너지와 방만한 소비의 시대가 낳은 결과물이다. 그러나 이 시대는 머지않은 종말을 향해 치닫는다. 아마도 도시는 기후 변화, 에너지와 자원 부족, 공급 체계의 붕괴라는 세 가지 유령을 만나게 될 가능성이 높다. 심지어 보통은 보수적으로 예측하는 미국국가정보위원회(National Intelligence Council, NIC)조차 향후 10년 정도면 전 세계 에너지, 식량, 물 수요가 공급보다 많아져 국제 문제를 발생시킬 소지가 있다고 본다.

이는 지금껏 아무도 겪어보지 못한 상황이다. 2차 세계대전 후, 정치가와 관료들은 도시를 만들면서 자원이나 환경 등의 요소를 전혀 고려하지 않았다. 넓은 토지가 필요하고 자동차에 의존하는, 에너지 효율이 낮은 오늘날의 대도시는 마치 블랙홀처럼 지구가 가진 에너지와 자원을 마구 빨아들이며 엄청난 양의 쓰레기(독성이 있는 경우도 많다)를 배출한다. 북미에서는 도시 기반시설과 건물이 전체 에너지의 3분의 1, 물자의 40퍼센트를 소비한다. 소득이 높은 도시는 행정구역상 면적에 비해 환경적 영향을 미치는 범위, 즉 도시에 필요한 물과 자원 공급, 폐기물 처리에 필요한 배후 지역 면적이 그렇지 않은 도시의 몇백 배에 이를 지경이다.

이젠 모든 것이 바뀌어야 한다. 기후학 분야의 연구 결과에 따르면 지구의 평균기온 상승이 재앙을 불러오지 않게 하려면 세계경제는 2050년까지 탄소 의존을 대폭 줄여야 한다. 미국국가정보위원회는 더욱 구체적으로, 미국은 2025년까지 이런 변화를 마무리해야 한다고 주장하기까지 한다. 이러한 목표의 달성은 모든 규모의 도시 행정 당국이 이제껏 겪어보지 못한 도전이 될 것이다.

목표 달성을 위한 첫걸음으로, 각 주 정부와 시는 도시계획을 할 때 도시 지역을 통합하고 합리적으로 밀도를 증가시키도록 토지 이용 법률을 제정하고 구획 규정을 할 필요가 있다. 소규모 도시들은 다음 항목들을 활용해 도시의 효율을 이전과는 다른 수준으로 높일 수 있다.

- 1인당 토지 사용량과 기반시설 등 자원의 1인당 소비량을 줄여주는 다세대주택 비율 늘리기.
- 재활용, 재사용, 재가공과 이에 필요한 숙련 인력 활용을 위한 다양한 정책 수립.
- 걷기, 자전거, 대중교통 등 자가용 자동차에 의존하지 않는 이동수단 확대.
- 쓰레기 소각과 동시에 소각열로 전력을 생산함으로써 1인당 에너지 소비량 줄이기.

- 맑고 깨끗한 대기, 편리한 편의시설 이용, 근거리 쇼핑, 일자리 확보를 통한 삶의 질 개선하기.

그러나 지금보다 효율을 높이는 것만으로는 부족하다. 지속 가능성과 안전을 모두 확보하려면 도시가 더욱 자생력을 가져야 한다. 도시계획에서는 도시 자체를 하나의 완성된 생태계로 바라보는 시각이 필요하다. 가장 바람직한 접근은 밀도가 높은 도시를 중심으로 주변을 둘러싼 배후 지역을 하나의 생태 단위로 바라보는 방식이다. 고립주의적 접근은 피하면서 이런 생태 단위에서 필요한 식량, 식물, 수자원의 상당 부분을 자체적으로 생산하고, 폐기물은 재활용해야 한다. 수입 의존도를 낮추려면 예측 곤란한 기후 변화, 세계적 식량 부족 사태, 군사적 분쟁의 영향을 받지 않을 수 있어야 한다. 주민들은 언제 어디서든 거주 지역 생태계의 영향을 받으며 살아가므로 해당 지역 자원을 관리하고 지속 가능성을 높이는 활동을 장려할 필요도 있다(지금은 이런 제도가 없다). 이 모든 노력이 모여 전체적으로 지속 가능성이 향상될 것이다.

너무 거창한 이야기일까? 그럴지도 모른다. 그러나 눈앞에 닥친 도전에 대비하려면 도시가 무엇인지 다시 한번 생각해봐야 한다. 과학자들은 심각한 우려를 표명한다. 당신도 그래야만 한다. 도시가 제대로 기능하지 못하면 우리 중 어떤 사람도 살아남기 힘들기 때문이다.

# 1-3 중동의 사막에 자급자족형 도시가 만들어질 수 있을까?

데이비드 비엘로

오일머니의 힘은 아부다비 시내와 공항 사이에 있는 사막 지대에서 '지속 가능성에 관한 값비싼 실험의 실현'이라는 마술을 부릴 정도로 강력했다. 이곳에 건설 중인 마스다르(Masdar, 아랍어로 '원천'이라는 뜻) 시에서는 주민들과 방문객들을 순식간에 이곳저곳으로 나르는 지하 전기 자동차(개인용 지하철이라고도 할 만하다) 등 다양한 환경 친화적 접근 방법을 통해 화석연료에 의존하지 않는 도시를 만들려는 시도가 진행 중이다. 이처럼 원대한 목표와 혁신적 계획, 좋은 의도가 있다 해도 다른 도시들로서는 마스다르가 지속 가능성에 대한 접근 방법이라는 면에서 흉내도 내기 힘든 신기루에 가깝다.

셰이크* 할리파 빈 자이드 알나하얀(Khalifa bin Zayed al-Nahayan)의 아이디어로 무바달라개발공사가 투자하고 건축가 노먼 포스터(Norman Foster)가 설계한 마스다르 시는 분명 주목할 가치가 있다. 이 도시와 인접한 외곽에서는 반사경을 이용해 태양열을 모은 뒤 늘어선 태양전지판에서 10메가와트의 전기를 만들어낸다. 지하수를 얻으려고 땅속 뜨거운 부위에 닿을 정도로 깊이 파들어 가며, 사막에서 불어오는 바람을 받게끔 도시 전체가 지상 7미터 위에 건설된다. 마치 거대한 석유 채취 장비처럼 보이는 높이 43미터짜리 탑이 이 바람을 다시 거리로 보내주며, 모든 거리에는 태양의 위치에 따

*아라비아 반도 이슬람 국가의 왕족이나 족장에 대한 호칭.

라 적절하게 그늘이 지게 해주는 시설이 설치된다. 또한 아랍풍 곡선을 가미해 붉은 모래 벽돌로 만든 학생 기숙사를 비롯해서, 매사추세츠공과대학교와 아부다비 정부가 공동으로 설립한 마스다르과학기술원(Masdar Institute of Science and Technology, 이하 MIST)에 이르기까지 다양한 건물이 들어서 있다. MIST는 마스다르에 사람들을 끌어들이는 가장 중요한 곳이기도 하다.

MIST에서는 재생에너지 분야에서 최초의 졸업생이 배출되기 시작했다. MIST 연구진은 항공기 제조사 보잉, 일리노이 주 데스 플레인즈에 위치한 정유사 UOP와 함께 항공기용 바이오 연료 생산 공장에 적용할, 염분에 대한 내구성이 높은 공장시설을 개발하는 연구를 진행 중이다. 마스다르 시는 세계 최초로 하수 침전물을 이용한 전기 생산 시범 사업을 추진하기도 한다. 또한 국제재생에너지기구(International Renewable Energy Agency)도 이곳에 자리 잡을 예정이다.

비영리 연구 및 교육 싱크탱크인 도시지대연구소(Urban Land Institute)의 우베 브란데스(Uwe Brandes) 부회장도 말한다. "마스다르 시는 에너지와 도시환경의 융합이라는 면에서 칭찬받을 만합니다."

### 지속 가능성은 균형과 과정의 문제

그런데 마스다르 시는 정말로 지속 가능할까? 지속 가능하다는 말에는 경제적·사회적·환경적 의미가 모두 담겨 있다. 이 도시에서 사람들이 돈을 벌 수 있어야 하고, 적어도 주민들이 생각할 때 더 건강하고 행복한 삶을 영위할 수 있어야 하며, 천연자원을 캐든지 아니면 다른 방식으로 구하든지 어쨌든 안정적으로 자원을 확보할 수 있어야 한다. 도시는 쇠락할 수도 있고 사라질 수도 있다. 메소포타미아에 있었던 도시 우르가 그랬고, 2,000년 전 제국의 수도로서 인구 100만에 달했던 도시 로마는 무려 10세기 동안 불과 1만 명의 가난한 농민들과 가축들이 어울려 사는 소도시로 전락했다(로마는 현대 이탈리아의 수도가 되고 나서야 다시 세계적인 도시로 거듭났다).

도시지대연구소의 브란데스는 설명한다. "지속 가능성이란 결국 균형에 관한 문제입니다. 어떻게 끝날 것인지가 아니라 과정에 대한 문제라는 말이죠."

오늘날의 세계가 생각하는 지속 가능성의 개념은 유엔 브룬트란트위원회(Brundtland Commission)의 "다음 세대가 자신들의 필요를 충족할 능력을 희생시키지 않으면서 현재의 요구를 충족시키는 개발"이라는 1987년 선언에서 볼 수 있듯이, 고대 도시의 경우와는 초점이 약간 다르다. 이후 이 선언은 도시의 상대적 지속 가능성을 판단하기 위한 열 가지 지침으로 더욱 상세하게 다듬어졌다. 이는 2002년 멜버른 원칙(Melbourne Principles)으로도 알려졌으며, 효과적 추진과 장기적 관점에 이르는 다양한 내용을 담고 있다.

### 도시계획의 실험 사례, 마스다르

지속 가능성을 확보하려면 계획이 필요하다. 도시계획은 19세기에 오스만(Haussmann) 남작이 파리를 새로이 창조하려고 시도할 때부터 최근의 '녹색' 도시화 움직임에서 볼 수 있듯이 건축가와 기술자를 비롯한 수많은 사람들의 꿈이었다. 그러나 제국 지배자들이 시도했듯이 백지에 설계한 많은 도시들의 경우, 새로운 도시의 목적은 기존 도시가 유기적이지 못해서 겪는 어려움을 극복함으로써 도시의 환경적 건전성을 개선하려는 데 있었다. 서기 762년 칼리프 알 만수르(Al Mansur)가 세운 바그다드, 제국주의 시대 설계자의 아이디어에서 시작되어 1956년에 완성된 후 브라질 수도가 된 브라질리아를 그 예로 들 수 있다. 1902년 런던 외곽에 만든 레치워스 같은 '전원 도시'들은 본래 계획과 다르게 사용되면서 급속히 주변 지역에 흡수되어버렸다.

"도시 설계를 백지에서 시작할 경우, 제아무리 창의적이라 해도 뭔가 부족한 점이 있게 마련입니다." 뉴욕에서 도시 설계 및 개발 분야 일을 하는 조나단 로즈(Jonathan Rose)의 말이다. 마스다르 시의 건물들이 아무리 유기적 모습을 보여준다 해도, 분명 마스다르 시에 해당되는 말이다. 현재의 마스다르 시는 건조하고 모래 날리는 벌판 한복판에 자리 잡은 채 둘러싼 담 안에 부유한 학생들을 모아놓은 도시다. 아마 미래의 도시를 꿈꾸는 사람이라면 누구도 달가워하지 않을 만하다. MIST 대학원생 로라 스투핀(Laura Stupin)은 자신의 블로그에 "사막 한복판에 있는 우주선 속에서 살아가는 것 같다"고 적기도 했다.

더 안타까운 것은, 마스다르 시가 상당한 에너지를 소비해야만 하는 곳에 자리 잡았다는 점이다. 이곳이 환경 친화적 위치라고 생각하는 사람은 아무도 없을 것이다. "기본적으로 인간이 거주하기에 부적합한 곳에 도시가 건설되는 겁니다." 이클레이(International Council for Local Environmental Initiatives, ICLEI) 사무총장 콘라드 오토 치머만(Konrad Otto-Zimmermann)은 지적한다. "자연환경을 극복하기 위해 엄청난 양의 에너지를 투입해야 하는 곳에 도시를 건설한다는 사실 하나만으로도, 과연 이것이 합당한 일인지 의문이 듭니다."

사실, 아랍에미리트연합 국민들은 전 세계에서 확인된 석유 매장량의 8퍼센트를 보유한 데다 사막의 살인적 더위를 식히려는 냉방 수요 때문에 전 세계 1인당 온실가스 배출량이 가장 높다. 마스다르 시 근처에는 공항과 포뮬러 원 자동차 경주장이, 조금 더 떨어진 곳에는 환경에 영향을 미치는 여타 요인을 포함해서 온실가스 발생의 근원지인 석유 정제시설이 있다.

마스다르, 중국 둥탄, 브라질 쿠리치바를 막론하고 대부분의 환경 친화적 도시들처럼 마스다르도 정부의 지시와 명령에 따라 녹색 도시가 되었다. 마스다르 시에는 '녹색 경찰관'이 있어서 에너지를 너무 많이 쓰는 사람들을 찾아내고, 물을 몇 분 이상 계속 쓰면 급수를 중지해버린다. 그러나 이런 식의 접근 방법이 다른 도시에도 적용 가능한지, 장기적인 지속 가능성에 도움이 될지는 의문이다.

마스다르 시가 다른 도시계획에서 참고할 만한 사례이기는 하다. 사실 도시가 과거와 미래의 환경적 재앙을 피하려면 이미 존재하는 도시가 검토 대상이 되어야 한다. "마스다르 시는 전 세계 수많은 도시들에 모범이 된다기보다는 하나의 실험실이라고 보는 편이 적절합니다." 컬럼비아대학교 사회학자 사스키아 사센(Saskia Sassen)의 말이다. "어디선가 실험을 해볼 필요가 있습니다만, 실험실에서는 실제적 문제를 파악하기가 힘든 법입니다."

## 1-4 내가 사는 도시는 얼마나 환경 친화적일까

데이비드 비엘로

낙원이라 불릴 만한 도시가 될 곳. 중국 양쯔 강 하구 충밍 섬에 건설될 최고 수준의 환경도시 둥탄 시 건설계획이 몇백 페이지에 달하는 도면, 지도, 표에 담겨 있었다. 에너지 효율이 높은 빌딩은 한곳에 모아서 지어 도보로 통근하게 했으며, 계획상으로는 전기 자동차나 수소 자동차만 다닐 수 있었다. 주변 유기농 농장에서 농산물을 공급하고, 바닷바람을 이용해 풍력발전을 하고, 중국의 주식인 쌀의 껍질을 태워 전기를 생산한다. 운하와 호수로 연결한 습지대는 주민과 철새들에게 아름다운 풍경과 휴식처를 제공한다.

하지만 원대한 목표라는 게 으레 그렇듯 이 미래의 섬 도시는 아직 건설되지 않았다. 중국 정부가 건설계획을 완전히 폐기했는지, 그렇지 않은지는 불확실하다. 본래 계획은 2010년 완공이지만 2009년 충밍 섬과 본토를 연결하는 다리와 터널 건설부터는 진전이 없는 상태다. 이 도시도 비용 문제로 호지부지된 전 세계 수많은 계획된 환경도시 중 하나다. 설령 이런 환경 도시들이 모두 계획대로 건설되었다 하더라도, 대부분의 인구는 기존 도시에 살 테니 전체 에너지 소비량이나 배출량 감소에 미치는 영향은 미미했을 것이다. 이런 점들을 모두 고려해본다면 생태적으로 건전하다고 여겨지는 방법을 써서 식량, 주거, 교통 문제의 해결책으로 완전히 새로운 도시를 만드는 방법은 그다지 적절하지 못하다는 점을 쉽게 알 수 있다. 무언가 다른 방법이 필요하다.

새로운 해결책은 미래를 염두에 둔 새로운 것이어야 한다. 오늘날의 도시는 대부분 교외 지역보다 훨씬 환경 친화적이다. 특히 도시에는 주민들이 더 밀집해서 살고 대중교통을 이용하기 때문에 가구당 에너지 소비와 배출량이 교외에 사는 사람들보다 훨씬 적다. 하지만 이 정도로는 충분하다고 말하기 어렵다. 도시도 지속 가능성이 있어야 한다. 달리 말하면 도시는 유엔 세계환경개발위원회(United Nations's World Commission on Environment and Development)가 1987년에 제시했듯이, "다음 세대가 자신들의 필요를 충족할 능력을 희생시키지 않으면서 현재의 요구를 충족시키는 개발"이 될 수 있어야 한다. 기존 대도시들은 도시 인구가 현재의 30억에서 60억이 되는 2050년, 수요가 공급을 넘어서는 상황에서 기존 방식만으론 유지되기 어렵다. 인도와 중국을 비롯한 여러 곳에서 마구 만들어지는 이런 전통적 형태의 도시들은 해결하기 어려운 문제에 봉착했다.

이론적으로 보면 둥탄의 경우처럼 완전히 새롭게 기반시설을 건설하는 신도시들은 설계 단계부터 지속 가능성을 고려할 수 있다. 그러나 기존 대도시들이 지속 가능성을 갖도록 개조하려면 엄청난 비용이 든다. 기존 도시들의 수를 생각하면 이 비용은 더욱 늘어난다. "기존 도시들에 무언가를 해야 한다는 점은 분명합니다." 오랫동안 도시 연구에 몸담아온 컬럼비아대학교 사스키아 사센은 힘주어 말한다. 이런 접근은 완전히 새로운 도시를 건설하는 것보다 비용도 저렴할뿐더러 엄청난 양의 에너지와 물을 절약하게 함으로써 현재의 도시들이 앞으로도 몇백 년간 번성하도록 만들어줄 것이다. 그러려면 도시계획 전문가, 도시계획 당국과 주민들이 실패한 환경 도시들의 사례에서 얻은 교훈을 바탕으로 혁신을 이룰 필요가 있다. 빌딩 관리자들이 효율적으로 일할 수 있도록 재교육을 실시하는 등 간단한 변화만으로도 미래의 도시 건설을 위한 첫 발자국을 디딜 수 있을 것이다.

### 에너지 절약을 위한 다양한 노력

지구온난화에 대응하기 위한 여러 도시의 주요 활동 가운데 하나는 에너지 효율을 높이고 온실가스 발생을 줄여 기후 변화라는 재앙을 가급적 늦추는 것이다. "전 세계적 경제 활동의 대부분이 일어나는 곳이 도시라는 측면에서 볼 때, 도시는 에너지의 주요 소비처이자 전 세계 탄소 발생량 4분의 3을 차지합니다." 뉴욕 시장 마이클 블룸버그(Michael R. Bloomberg)가 최근 59개 도시 시장들이 기후 변화 대책을 논의하는 모임인 C40에서 이야기한 바다.

C40의 주요 목표 중 하나는 오래된 건물에 에너지 효율이 높은 시설을 설치하도록 유도하는 것이다. 미국에 있는 고층 빌딩, 주택, 혹은 교회 등의 건물은 평균적으로 볼 때 1970년대에 지어졌다. 이런 건물의 검은색 타르를 칠한 지붕을 햇빛을 반사하는 흰색으로 교체해서 여름에는 건물 내부 온도가 덜 올라가게 하거나, 태양열 온수 장치를 설치하면 에너지 절감 효과가 상당하다. 에너지부(Department of Energy)에 따르면 미국의 건물이 소비하는 에너지 중 17퍼센트는 온수를 만드는 데 들어간다. C40은 기후 변화에 대처하는 그 밖의 활동을 하는 동시에 세계은행과 협력해서 이러한 개선 작업에 들

어가는 자금을 확보하려 시도하는 중이다.

기존 도시들도 환경 도시가 고려하는 교통 시스템을 설치하면 효과를 볼 수 있다. 미국에서는 자동차가 배출하는 이산화탄소가 연간 17억 톤에 이르며 그 밖에도 다양한 유독물질을 뿜어낸다. 이와는 대조적으로, 일본 후지사와 시에 제안된 전기 자동차는 어떤 배기가스도 방출하지 않는다. 물론 전기 자동차를 이용하려면 기반시설이 필요하고, 특히 사람들이 전기 자동차를 이용하게끔 해야 한다. 도쿄에 있는 배터플레이스사(Better Place)는 방전된 배터리를 배터리 교체소에서 손쉽게 교체할 수 있는 배터리를 개발해 성공적으로 실험을 마쳤다. 머지않은 미래에 디젤 엔진 대신 압축 천연가스를 연료로 쓰는 버스가 보급되면 에너지 효율과 대기오염 문제가 모두 개선될 것이다. 덴버 시에서는 이미 이런 방법을 통해 2005~2009년 휘발유 2,400만 갤런을 절약했다.

도시는 에너지를 절감하고 배출가스를 규제할 뿐 아니라, 에너지 공급원을 다원화해야 한다. 최근 뉴욕 시는 대기 질을 개선하기 위해 난방용 중유를 오염물질 배출이 적은 천연가스로 바꾸는 규정을 만들었다. 하지만 이처럼 직접적 방법에도 무언가 단점이 있게 마련이다. 뉴욕 시 블룸버그 시장 직속 장기계획 및 지속 가능성 사무소 소장 데이비드 브래그던(David Bragdon)은 천연가스 사용 증가로 인해서 주변 지역에서 지하수를 오염시키는 프래킹(fracking)이라고 불리는 수압 파쇄 기법(깊은 암반 지대의 천연가스 채굴에 쓰이는 기법) 사용을 막는 데 어려움을 겪는다는 사실을 인정했다.

## 1-4

### 물 확보와 쓰레기 처리

급증하는 도시 인구가 사용할 깨끗한 물을 꾸준히 확보하는 일은 세계 모든 도시가 맞닥뜨린 힘겨운 과제다. 전 세계 많은 곳에서 이미 물 확보가 한계에 다다랐다. 콜로라도 주 덴버에서 애리조나 주 피닉스에 이르는 미국 서부 도시들이 사용하는 물의 양은 이미 콜로라도 강에 유입되는 양을 넘어섰다. 국제식량정책연구소(International Food Policy Research Institute)는 2050년이면 전 세계 곡물 생산 절반 정도가 농업용수 부족으로 인해 어려움에 처할 것으로 예상한다. 도시의 물 수요를 억제하기 위해서 C40은 텍사스 주 오스틴에서 도쿄에 이르는 여러 도시가 채용한 전략을 검토해 지침 목록을 만들어냈다. 오스틴 시는 경기가 활황을 띠면서 주택 건설이 늘어나던 1983년, 효율적 수자원 활용 방안을 실시하며 물 사용량 억제에 혜택을 주기 시작했다. 여기에는 빗물 모으는 시설과 절수형 화장실을 설치하면 현금으로 일부를 지원해주는 정책도 포함되었다. 한편 도쿄는 급수시설의 누수 감지와 관리 면에서는 세계 최고다. 도쿄가 이런 명성을 얻은 것은 급수관을 체계적으로 검사·보수·교체하고, 특히 누수가 발견되면 당일에 보수했기 때문이다.

아랍에미리트의 계획도시 마스다르(C40 회원 도시는 아님)에서는 마치 빅브라더 같은 방식으로 물을 절약한다. 샤워실 물은 샤워 시작 몇 분이 지나면 자동으로 공급이 중단된다. 개별 거주자의 물 사용량은 에너지 사용량과 함께 컴퓨터화된 네트워크를 통해서 감시받으며 사용량이 너무 많으면 공급을 제한받는다.

도시가 사용하는 물은 깨끗해야 한다. 대부분의 도시로서는 그저 급수 체계의 현상 유지만으로는 이 목표를 달성하는 데 부족하며 이는 대대적 개선이 필요하다는 것을 의미한다. 유엔에 따르면 전 세계 도시 거주자 3분의 1가량이 깨끗한 식수를 공급받지 못하는 위생 수준이 낮은 빈민가에 거주하므로 콜레라 등 수인성 질병에 노출된 실정이다.

한편, 쓰레기 처리를 제대로 하지 못하면 수질만 나빠지는 것이 아니다. 뉴욕 시는 브루클린과 스태튼 섬에 있는 쓰레기 매립장을 폐쇄한 뒤, 몇백 킬로미터 떨어진 곳에 쓰레기를 옮기는 데 1톤당 100달러를 지불한다. 재활용도 만병통치약은 아니다. 아이오와 주 더뷰크 시의 로이 부올(Roy Buol) 시장은 수집된 유리를 멀리 떨어진 재활용 공장까지 보내는 과정에서 발생하는 온실가스 배출량이 이들을 매립지에 묻어버릴 경우보다 많기 때문에 유리 재활용을 중단했다고 말한다. 물론 쓰레기로 무언가 유용한 것을 만들어내면 쓰레기를 그냥 묻어버리거나 재활용하는 것보다 바람직하긴 하다. 중국 르자오 시 외곽 산업단지에 위치한 루쉰진허생화학유한공사(日照金禾生化)에서 바로 이런 일이 이루어진다. 이곳에서는 카사바 나무, 옥수수, 고구마를 이용해서 음료수에 쓸 구연산을 생산한다. 부산물로 남은 쓰레기는 생화학 처리 장치로 보내는데 미생물이 이를 고체로 바꾼 후 동물 사료와 발전(發電) 등에 쓰일 산업용 연료로 사용되는 메탄을 만들어낸다. 사실은 쓰레기 매립지에서 메탄을 채취하는 방법이 '천연 자원'을 만들어내는 가장 저렴한 방법 가운데 하나라고 할 수 있다.

## 1-4

### 지속 가능성을 위한 손쉬운 방법

기존 도시들이 장기적 지속 가능성을 확보하려면 최신 기술이 필요하다는 데는 의심의 여지가 없다. 그러나 적절한 정책과 단순한 기술만으로도 큰 효과를 볼 수 있는 것도 사실이다. 단열 효과를 높여 에너지 효율을 높이는 쪽으로 건물 관리 규정을 바꾸는 것 등이 좋은 예다. 어떤 면에서는 뉴욕 시 같은 기존 도시가 더욱 지속 가능하도록 만드는 일은 그 안에 있는 약 100만 동가량 되는 건물을 어떻게 관리하느냐에 달린 문제라고 보아야 한다. 그런 맥락에서 미국 에너지부는 건물 관리자들을 교육하는 그린 슈퍼즈(Green Supers) 프로그램을 개설했고 최근 첫 번째 졸업생을 배출했다. "이런 기술에 굉장히 많은 비용이 든다고 생각했습니다. 이제 때가 되었어요. 적극적으로 적용만 하면 되지요." 건물 관리인 빅터 나자리오(Victor Nazario)가 졸업식에서 동료들에게 한 말이다.

선도적 도시들이 모여서 논의하는 C40과 이클레이 등의 모임 덕택에 이런 방법은 전 세계로 퍼져나간다. 개별 도시가 움직이기 시작하면 얼마 지나지 않아 중앙 정부도 이를 알게 된다. 중국에서는 탄소 발생량을 줄이려는 259개 도시의 노력이 정부를 움직였다. 정부는 주택 및 도시-농촌 개발부로 하여금 전국에서 활발하게 지어지는 신도시의 지속 가능성을 높이는, 에너지 효율과 내구성이 높은 건축 자재 사용의 촉진계획을 입안하게 했다.

도시는 인간의 의지가 집합적으로 표현된 곳이고, 경제와 환경, 개인의 가치관과 공공의 바람이 혼합된 곳이기도 하다. 도시의 청정에너지, 수송, 식량,

물 공급 능력, 쓰레기 처리 능력 향상은 인류의 미래가 번영하는 데 핵심 요소일 것이다. 그러나 환경 친화적 도시를 만드는 과정을 들여다보면 실제 주민들의 필요보다는 겉으로 보이는 면에 치중한 경향이 적지 않다. 궁극적으로 도시가 지속 가능하도록 만드는 일은 결국 사람에 달렸다.

# 1-5 살기 좋은 도시를 위한 다양한 의견

마이클 이스터 · 게리 스틱스

도시가 근본적으로 더 살기 좋은 곳이 되려면 기술적인 것이든, 그 밖의 것이든 간에 어떤 종류의 혁신이 있어야 할까? 도시 문제에 관련된 사람들과 독자들 모두에게 이 질문을 던져보았다. 어떤 대답들이 나왔는지 살펴보자.

### 태양전지 창문

전 세계 도시의 수많은 건물들 창이 (아직 완성도는 높지 않지만) 이미 몇 년 전에 개발된 투명 혹은 반투명 태양전지판으로 대체되면 도시는 전반적으로 쾌적해질 것이다. 여기서 만들어진 에너지를 도시 전체에서 활용하면 에너지 비용 절감은 물론, 석탄 사용을 감소시킴으로써 이산화탄소 배출량도 감소시킬 수 있다.

또한 이렇게 만들어진 전기를 사용해 대중교통 요금을 낮추거나 대중교통망을 확충할 수도 있다. 저렴하고 사용하기 편하면서 곳곳에 있는 대중교통망은 자동차 이용 수요를 크게 낮추고, 이산화탄소 배출량을 현저히 줄인다.

- 홀리 우버(Holly Uber), 역사학자 · 시민운동가, 오스트레일리아 멜버른

### 광섬유

광섬유로 만든, 전송 속도가 빠르고 신뢰성 높은 광대역 통신망이 모든 가정에

연결되는 시대가 되었다. 전화선을 이용하는 구형 인터넷 접속 장치를 신형으로 바꾸면서 사람들의 통신 방식에서 시작된 경제 혁신이 일어났다. 광섬유망이 보급되고 속도가 높아지면 말할 것도 없다. 이는 새로운 혁신의 발판이 되어 지금껏 상상하지 못한 것들을 만들어낼 것이다. 광대역 광섬유망은 21세기 도시가 더 살기 좋은 곳으로 번영하는 데 반드시 필요한 요소라 할 수 있다.

- 마이크 맥권(Mike McGinn), 시애틀 시장

### 교통정체 해소

휴대전화 신호, 교통 감시망에서 얻는 정보, 차량에 장착된 무선 인식 장치 등 다양한 센서에서 정보를 얻어 교통정체를 해소할 수 있도록 최적으로 신호등을 조작한다. 이로써 버스는 더욱 효율적으로 운행할 수 있고, 운전자들은 가장 적합한 주차 장소를 찾을 수 있다.

- 찰스 린(Charles D. Linn), 작가·편집자·건축가

### 치밀한 계획

주택, 도로, 상하수도, 공원 등 도시를 구성하는 모든 요소인 기반시설을 어디에 두는가는 삶의 질에 막대한 영향을 끼친다. 이러한 종류의 중요한 투자에 더욱 전략적으로 접근함으로써 깨끗하고 건강한 환경, 쾌적한 주거 지역이라는 결과를 만들 수 있다. 그것도 세금을 더 적게 사용하면서.

- 리사 잭슨(Lisa P. Jackson), 미국환경보호위원회 국장

## 1-5

### 사막의 스마트 시티

도시를 계획할 때는 향후 100년간의 인구 증가를 충분히 고려한 최대 수용 인구를 염두에 두어야 한다. 기존 도시를 이에 맞춰 바꾸기는 어려우므로, 이러한 도시 개념은 애플이나 마이크로소프트 같은 대기업이 사막 지역에 건설하는 시범 도시에 적용해야 한다.

- 마이크 쿠릴코(Mike Kurilko), 플로리다 주 오칼라

### 가정에서의 식물 재배

주택이나 아파트에서 이루어지는 모든 식물 재배는 식용으로 사용할 수 있는 것 혹은 해당 지역 고유의 종으로 제한할 필요가 있다.

- 블레인 오스본(Blaine M. Osborne), 솔트레이크시티

### 화장실 확충

개발도상국에서는 10억에 가까운 인구가 도시 빈민가에 거주한다. 이 인구는 몇십 년 내에 10억이 증가할 것이다. 이런 곳에서 가장 시급한 문제는 위생과 청결하고 독립된 화장실이다. 질병을 옮기지 않는 물을 확보할 필요가 있다. 빌 게이츠가 세운 빌 앤 멜린다 게이츠 재단(Bill and Melinda Gates Foundation)은 (캘리포니아공과대학교부터 브라질과 남아프리카공화국의 대학교를 망라하는) 22개 기관에 '혁신적 화장실' 개발을 요청했다.

- 스튜어트 브랜드(Stewart Brand), 지구백과(Whole Earth Catalog) 창립자 · 롱 나우 파운데이션

(Long Now Foundation)/ 글로벌 비즈니스 네트워크(Global Business Network) 공동 창립자

## 풍부한 물

페르세폴리스(지금의 이란에 위치), 아테네, 모헨조다로(지금의 파키스탄에 위치) 등의 고대 도시에는 뛰어난 상하수도 시설이 존재했다. 내가 사는 인도에서는 '도시화'의 정도를 깨끗한 물이 공급되는 수도꼭지가 가구당 몇 개 있는지, 하수도가 있는지, 하수처리 시설이 있는지 여부로 판단한다. 어느 도시건 우수한 상하수도 시설은 삶의 질에 근본 영향을 미치는 요소라고 생각한다.

– 프라딥토 바네르제(Pradipto Banerjee), 인도 VIT대학교 대학원생

## 잠자리 마련

밴쿠버에서는 노숙자들에게 도시의 '거주성'을 침해받는다. 노숙자들이 이용할 수 있는 형태로 거주시설을 만들었으면 한다. 이를 통해 노숙자 문제의 원인이 부각될 수 있다고 본다. 이들은 정신적으로 피폐하고, 가난에 짓눌리고, 약물 남용과 실업 상태에 처했다. 이 문제를 간단하게 처리할 방법은 존재하지 않는다. 비록 이것이 기본권이라고까지는 말하지 못한다 해도 안전하고 편하게 쉴 곳이 있어야 한다. 건강하고 생산적인 사회라면 이런 곳을 만들어야 할 것이다.

– 제이 펠튼(Jay Pelton), 캐나다 밴쿠버

## 1-5

### 스마트 센서

센서는 효율적 교통 상황 만들기부터 가정에서 유해가스 배출 감지까지 다양한 용도에 쓰이는 물건이다. 센서가 소형화되고 관련 기술이 많이 보급되면 도시의 삶을 더 편리하게 만들 수 있다.

- 파라그 카나(Parag Khanna), 뉴아메리카재단 수석 연구원 · 《어떻게 세상을 경영하는가 : 또 다른 르네상스를 위한 코스를 차팅하기(How to Run the World : Charting a Course to the Next Renaissance)》(2011) 저자

### 도시 개조

전면적 혁신 시도. 이산화탄소 배출량의 80퍼센트는 도시에서 나온다. 시드니 시는 시내 중심부의 중심 상업 지구에 다양한 기술을 적용해서 2030년까지 탄소 배출량을 2006년에 비해 70퍼센트 감소시키기로 했다.

단지 적용되는 기술만이 아니라 이를 시 전체로 확대한다는 점에 혁신적 면모가 있다. 발전, 냉방, 난방을 결합하는 삼중 복합 에너지 시스템, 수자원 재활용, 쓰레기 자동 수거와 재활용 등을 활용해 시내 곳곳을 저탄소 지역으로 만들려는 다양한 계획이 준비되었다. 이들 각각은 새로운 아이디어가 아니지만 통합적으로 적용해 도시 전체를 대상으로 '녹색 기반시설'을 만드는 것은 오스트레일리아 최초의 시도다.

시드니에 공급되는 전기는 200킬로미터 떨어진 석탄 화력발전소에서 만들어진다. 궁극적 목표는 시드니 시를 오스트레일리아 전체 전력망에서 분리하

는 것이다. 현재 70퍼센트의 전기가 기존 에너지를 통해 공급되고, 30퍼센트의 전기는 재생 가능한 에너지에서 얻는다. 지금까지 보고된 바에 따르면 삼중 복합 에너지 시스템만으로도 시내 빌딩에서 발생하는 배출가스가 40~60퍼센트 줄어들었다. 또한 멀리 떨어진 외곽 지역에서 시드니까지 전기를 보내지 않아도 되고, 향후 에너지 소비 증가에 따른 전력망 확충 필요성도 줄어드는 것으로 나타났다.

- 클로버 무어(Clover Moore), 오스트레일리아 시드니 시장

### 개인용 지하철

교통 혁명은 더욱 쾌적한 도시를 만들기 위한 핵심 요소 중 하나다. 개인 철도도 이런 혁신을 가능하게 해줄 가능성이 있다. 이는 한마디로 말하면 도시의 개인용 지하철이다. 몇몇 사람이 탑승한 객차가 출발지에서 목적지까지 역에서 기다리거나 중간에 정차하는 일 없이 한 번에 이동한다. 도시 곳곳에 이 시설이 연결되면 사람들의 교류가 활성화되고 쾌적한 환경이 만들어져 도시가 더욱 생산적인 곳이 될 것이다.

- 사무엘 아브스만(Samuel Arbesman), 유잉 매리언 코프먼 재단(Ewing Marion Kauffman Foundation) 수석 연구원 · 느리게 변화하는 일상생활의 면모에 대한 인식을 증진하는 운동인 메소팩트(Mesofacts) 제안자

## 1-5

### 한 줄로 통근하기

대중교통과 개인 교통수단의 완전한 통합을 제안한다. 개인은 소형 전기 자동차를 임대하거나 소유할 수 있다. 이를 이용해서 역까지 간 뒤, 이런 차량들을 '기차'처럼 연결해 전력망이 조종한다. 이런 식으로 도시의 주요 간선도로를 따라 운행하고 주행 중에는 충전한다. 목적지 역에 도착하면 각 차량은 분리되어 최종 목적지로 간다. 이때 개인의 주행거리를 최소화하도록 역 위치를 적절하게 선정할 필요가 있다.

– 로리 맥기네스(Laurie McGinness), 오스트레일리아 뉴사우스웨일즈

### 지속 가능성 교육하기

대중교통의 우선순위를 높여야 한다. 통근 수요에 대응하려면 파리 시 벨리브(Vélib) 자전거 공유 제도처럼 오염이 없는 소형 자동차가 '대중교통 시스템'에 통합되어야 한다. 시민들은 자동차를 덜 사용해야 하며, 쓰레기 분리수거하기, 일터 근처에 거주하기, 자녀들에게 관련 내용 주지시키기 등 지속 가능성과 관련된 활동에 더욱 적극적이어야 한다. 이러한 변화에는 어린이들의 역할이 매우 중요하다.

– 자이메 레르네르(Jaime Lerner), 브라질 쿠리치바 시 전 시장(임기 중인 1970년대 초반 혁신적 교통 시스템을 설치해 세계 여러 곳에 확산시킴)

## 어디서나 전기를 얻게 만든다

빈곤한 나라의 농촌 지역에는 기반시설이 부족하기 때문에 사람들이 도시로 몰려든다. 태양열에서 바이오가스에 이르기까지 다양한 에너지를 이용해 전기를 만들어내는 초소형 열병합 발전기를 이용하면 농촌 지역에서 삶의 질을 개선하고, 도시로 몰려드는 인구를 줄여 장기적으로는 도시 삶의 질을 향상시킬 수 있다.

– 이크발 콰디르(Iqbal Z. Quadir), 매사추세츠공과대학교 '발전과 기업가 정신을 위한 레가툼 센터(Legatum Center for Development and Entrepreneurship)' 소장(방글라데시 빈곤층에 공공전화를 보급하는 아이디어를 냄)

## 작은 것도 소홀히 하지 않기

나는 기후 변화의 위협을 인식하기 오래전부터 에너지 효율에 대해서 늘 우려했다. 새집으로 이사할 때마다 아내와 함께 건물 단열이 제대로 되어 있는지 항상 다락방부터 살펴보았다. 문과 창문에 틈이 없는지 확인했고, 필요하면 온도 조절기를 부착했다. 온수 보일러를 교체할 때는 물탱크가 없는 온수기를 설치해서 여름철에는 50퍼센트까지 연료비를 절감했다.

이 모두를 기후에 대한 대비로 부른다. 하지만 오히려 "에너지 절감을 통한 비용 절감"이라고 불러야 마땅하다. 향후 몇십 년간은 에너지 효율이 탄소 배출을 줄이면서 경제를 성장시키는 가장 저렴한 수단이 될 것이다. 손쉽고 간단하게 탄소 배출량을 줄이는 방법은 주변 기기, 자동차, 주택, 건물을 더욱 효율적으로 만드는 것이다. 사실 에너지 효율을 높이는 일은 손쉬운 정도가 아니라 땅에 떨어진 과일을 줍는 것이나 마찬가지다. 앞으로 몇 년간 몇백만 미국 가정에서 에너지 효율이 높은 기기를 사용하고 주택 효율을 높이면 쾌적한 환경을 만들면서 비용도 줄일 수 있다.

- 스티븐 추(Steven Chu), 미국 에너지부 장관

### 인터넷에서 유용한 정보 찾기

현재의 중국이 처한 상황에서는 도시계획과 공공정책, 교육 개선이라는 해결책을 실현하기가 어렵고 비용도 많이 든다. 상하이는 상당한 면적에 2,000만 가까운 인구가 거주하는데 세계의 다른 대도시와 비교하면 면적이 넓다. 이미 심각한 교통정체, 인구의 도심 집중, 주택 부족, 환경오염, 급속히 증가하는 온실가스 배출을 비롯해 시민들이 소문에 과도하게 반응하는 행태 등 심각한 문제들을 겪고 있다.

과학적 해결책을 찾으려는 관점에서 보면, 인터넷을 비롯한 공공매체들이 유용한 정보를 널리 퍼뜨림으로써 실제로 모든 사람에게 혜택이 돌아가도록 효과적이고 유익한 결정을 내리는 데 도움이 될 가능성이 높다. 도시 운영에 관련된 사람이라면 누구라도 이를 우선적으로 활용해야 할 것이다.

- 판 하오즈(Pan Haozhi), 통지대학교 학생, 중국 상하이

### 자동차 통행금지 구역

도심(혹은 특정 지역)에서 개인용 차량의 통행을 금지하고, 교통 시스템에 자동차로 대표되는 개인 자산의 투입을 공공교통으로 돌려서 도로, 주차장 등으로 이용되던 토지를 주택, 공원, 도시 농업 용지로 활용해야 한다.

'도시' 개념을 완전히 새롭게 규정하고 이에 따라 계획을 정비한다. 도시가 인간 생태계의 일부라는 점, 그리고 점차 전 세계적으로 퍼져가는 도시에 있어서 도시보다 몇백 배 넓은 배후지가 도시-인간 생태계와 상호 보완적이며 (아주 중요한) 생산적 요소라는 사실을 받아들일 필요가 있다. 요약하면, 면적이 좁은 실제 도시 중심부의 '생태발자국(ecological footprint)'은 도시 전체에 비하면 아주 미미하다. 도시 중심부가 생존하는 데는 방대한 생태발자국이 필요하지만 아직까지는 무시되거나 당연한 것으로 여겨진다.

- 윌리엄 리스(William Rees), 브리티시컬럼비아대학교 교수 · 인간에게 필요한 생태계의 크기를 측정하는 '생태발자국' 개념 고안자

### '스마트 성장' 개념 적용

도시 관련 정책과 계획에 '스마트 성장' 개념을 적용하면 지속 가능한 도시를 만드는 데 도움이 된다. 도시의 마구잡이식 확장에 대항하는 이러한 접근 방식은 도심지 주택 개발과 일자리 창출을 촉진한다. 일례로 메릴랜드 주 전 주지사 패리스 글랜드닝(Parris Glendening)은 1997년, 스마트 성장 관련 법안을 만드는 데 앞장섰다. 이 법에 따르면 신규 기반시설(도로, 하수도, 기타 공공시

설)에 공공자금이 우선 배정되는 '자금 지원 우선 지역'을 지정할 수 있다. 이 지역은 도시 중심부에서의 신규 개발과 재개발을 촉진하도록 대도시 주요 지역에 지정되어 대도시 주변의 녹지와 농지를 보호한다.

- 토머스 비치노(Thomas Vicino), 노스웨스턴대학교 교수 · 《도심과 근교 : 미국 거대 도시의 새로운 현실(Cities and Suburbs : New Metropolitan Realities in the US)》 공저자

## 도시 간 연결

전략적으로 위치한 미래 도시들이 망으로 연결되는 모습을 상상하곤 한다. 이 도시들은 자연환경 · 바람 · 수력 · 태양열 · 지열 · 바이오에너지의 자체 수요를 충족하는 것은 물론 주변 도시에 이를 유기적으로 공급하는 데 주안점을 두어 설계하면 좋을 것이다.

- 크리스티안 카(Christian Carr), 노르웨이 크리스티안산

## 주민이 참여하는 세금 집행

도시의 예산 결정 과정에 시민들이 참여하는 '주민 참여 예산 제도'는 도시의 관례적 운용 방식을 바꿀 것이다. 이는 예산을 동네 단위로 나누어 결정하고, 예산 집행의 우선순위와 책임 있는 대표단 선정에 주민이 참여하는 제도다. 실제 운용 사례에서 세금의 효율적 사용과 소외 지역 투자의 타당성에 대한 공감대 형성, 급격한 부패 감소가 확인되었다. 이는 과거의 관습을 완전히 바꾸는 것으로, 지금까지 아무런 권리를 행사하지 못하던 개인과 집단이 정책 결정

과정에 참여해 영향력을 행사하면서 협조하고 기여할 수 있음을 의미한다.

브라질 남부 포르투알레그리 시는 1989년부터 이 제도를 시험적으로 운용했다. 그 후 지속적 개선이 있었으며 브라질·남미·아프리카·아시아·유럽·북미의 1,200군데가 넘는 도시에 다양한 형태로 퍼져나갔다.

- 재니스 펄만(Janice Perlman), 전 세계 도시 혁신 사례를 공유하는 비영리 조직 메가 시티 프로젝트(Mega-Cities Project) 회장

### 석탄과의 이별

도시에서 화석연료 사용을 금지해야 한다.

- 브루스 스털링(Bruce Sterling), 사이버펑크 장르의 확립에 기여한 공상과학소설 작가

### 고밀도 활용하기

도시는 농장이나 산업단지처럼 도시에 필요한 자원이 있는 곳 가까이 세워야 한다. 도시 내 곳곳에 고층 빌딩 지구를 만들고 대부분의 토지를 사용하지 않는 상태로 남겨두면 이들 토지가 자연 상태로 회복되어 빌딩에 거주하는 사람들이 접근하기 쉬운 공원이 된다. 각각의 빌딩이나 빌딩 지구는 행정, 상업, 스포츠 등 기본적 서비스를 제공한다. 이런 식의 고밀도 개념을 활용하면 교통과 기타 기반시설도 더욱 단순화되면서 엘리베이터 탑승만으로도 자연 생태계에 쉽게 접근하게 된다.

- 비토르 페레이라(Vitor Pereira), 포르투갈 포르투

## 1-5

### 사회적 결합의 필요성

도시가 존재하는 한 모든 사람이 공평하게 사회적 자원 또는 환경적 자원을 누릴 방법은 없다. 그러나 무한정 계속될 수 없는 과소비와 계층 간의 넘을 수 없는 벽을 적절히 다루는 정책이 도입되지 않는다면 도시는 살아가기에 적합한 곳도, 지속 가능한 곳도 되지 못할 것이다. 불가능한 일은 아니다. 그저 쉽지 않을 뿐이고 그동안 시도되지 않았을 뿐이다.

– 캐럴린 스티븐스(Carolyn Stephens), 런던 보건 및 열대의학 대학 · 아르헨티나 투쿠만국립대학교

### 사물인터넷 활용

더 많은 지능형 기기가 필요하다. 다음 세대의 도시에는 컴퓨터를 이용해 더 많은 정보에 반응하고, 궁극적으로 이를 활용하는 기능이 훨씬 많이 설치될 것이다. 이런 변화가 이미 일부 시작되었다. '사물인터넷'은 마치 인터넷에서 정보를 찾듯 주변 상황을 알려준다. 스마트폰을 이용하면 실시간으로 원하는 위치의 유용한 정보를 큰 비용을 들이지 않고 알아낼 수 있다. 머지않은 미래에 지금보다 훨씬 발달된 스마트 도시가 만들어지고 개인의 취향과 습관을 반영해 효과적으로 다양한 일상을 다룰 것이다. 지능화되는 도시가 투명성을 확보하면서 더욱 살기 좋은 도시가 되도록 사생활 보호와 손쉬운 정보 획득을 꾀하는 것이 핵심이다.

– 다나 커프(Dana Cuff), 시티랩(cityLAB) 소장 · 캘리포니아주립대학교 로스앤젤레스캠퍼스 농업 및 도시설계학과 교수 · 《임시적 도시 : 로스엔젤레스의 건축과 도시화 이야기(The Provisional City : Los Angeles Stories of Architecture and Urbanism)》 저자

# 2

# 원동력 : 혁신과 창의성

# 2-1 사회적 결합

카를로 라티 · 앤서니 타운센드

2011년 1월 25일, 이집트 카이로에서 호스니 무바라크(Hosni Mubarak) 대통령의 억압 통치에 저항하는 시위가 일어났다. 이후 72시간 동안 이집트 정부는 반란 세력을 진압하려는 대책의 일환으로 전국 인터넷 서비스와 이동전화 시스템 연결을 중단했지만 별 효과가 없었다. 다양한 경로를 통해 카이로 시민 몇백만 명이 지속적으로 페이스북과 트위터에 연결된 채 시위를 계속했다. 이집트 정부는 국가경제의 원활한 운용을 위해서 통신망을 되살릴 수밖에 없었지만 시민들은 14일 후 무바라크 대통령이 사임할 때까지 계속 압력을 가했다.

그 불과 몇 주 전인 1월 6일, 튀니지의 '재스민 혁명(Jasmin Revolution)' 기간 동안, 반체제 블로거이며 시위 주도자이기도 한 슬림 아마모우(Slim Amamou)는 포스퀘어(Foursquare)라는 스마트폰 앱을 이용해서 동료들에게 자신이 체포되고 있음을 알렸다. 포스퀘어에서 자신이 수감된 튀니스의 가상 감옥에 '체크인'하는 방법으로 아마모우는 자신의 위치를 전 세계 인터넷 사용자에게 알렸고 국제적 관심을 끄는 데 성공했다. 이 뉴스가 퍼지면서 관심이 높아졌고 오랫동안 집권 중이던 지네 엘아비디네 벤 알리(Zine El Abidine Ben Ali)는 축출되고 만다.

'아랍의 봄'이라 불리는 반체제 시위가 일어나는 곳곳에서 시민들은 인터넷과 휴대폰을 이용해 저항을 지속했고, '사이버공간'의 힘을 '현실의 도시공간'으로 옮겼다. 이런 변화는 미래 '스마트 도시'의 영예를 차지하려는 각 도시들의 대규모 프로젝트에 비견된다. 가장 앞선 사례는 아랍에미리트 아부다비 시 외곽 사막의 담으로 둘러싸인 인구 5만의 도시 마스다르다. 이곳에는 건물, 가로등부터 개인용 전기 이동수단인 '팟(pod)'에 이르기까지 곳곳에 주로 에너지 효율을 최대화하려는 목적의 최신 기술이 들어 있다. 한국의 송도와 포르투갈의 플랜잇 밸리(PlanIT Valley)에도 마스다르 시와 마찬가지로 정부가 백지 상태부터 부동산 개발업자, 글로벌 정보 기술 기업, 첨단 기술이 적용된 기반시설과 서비스를 만들어 적용한다. 이러한 기술을 설계한 사람들은 이를 통해 미래 도시의 개념을 엿볼 수 있다고 말한다.

하지만 이처럼 정부 주도로 이루어지는 프로젝트의 성과는 사이버공간에서 연결된 몇백만 시민들이 만들어내는 효과와는 비교도 하기 어렵다. 진정한 의미에서 지능적인, 그리고 현실적인 도시는 지휘관 명령에 발맞추어 걸어가는 병사들 같은 존재가 아니다. 그보다는 오히려 각각의 구성원이 이웃한 구성원을 통해 얻는 아주 미묘한 사회적 정보와 행동의 핵심 요소를 파악하고 어떤 식으로 움직일지 결정하는 엄청난 양의 물고기 떼나 새 무리에 가깝다. 카이로나 튀니스의 시위대는 통제될 수 없었고 이들의 행동은 디지털 조율을 통해 이제껏 볼 수 없는 규모로 이루어졌다. 문자 메시지와 트위터를 이용해 시민 몇십만 명이 카이로 타흐리르 광장에 모였다. 이는 스마트 도시가 갖게 될 엄청나게 강력하면서도 민주적이고 유기적인 면모를 보여준다.

## 2-1

도시 행정 부서나 기술 기업들, 도시계획 관련자들은 네트워크 하드웨어의 설치와 통제에 관심을 기울이기보다는 시민이 변화의 핵심이 되는, 아래에서 시작되는 수준 높은 스마트 시티 만들기에 눈을 돌릴 필요가 있다. 적절한 기술적 지원이 제공된다면 대중은 에너지 활용, 교통체증, 의료 서비스, 교육 등의 문제에 중앙 집중적 방식보다 효과적으로 대처할 수 있을 것이다. 또한 스마트 시티에서는 새로운 형태의 시민 활동을 포함한 다양한 주민 활동도 기대할 수 있다.

### 도시의 효율 추구를 넘어

왜 많은 나라들이 마구잡이로 스마트 시티를 건설하는가? 왜 IBM사는 2015년이 되면 관련 시장 범위가 100억 달러에 이를 것으로 예상하는가? 오늘날 도시 규모에서 일어나는 이러한 일은 20여 년 전 포뮬러 원 자동차 경주에서* 일어났던 일과 유사하다. 그런 수준의 경기에서 이기려면 근본적으로 자동차와 드라이버의 능력이 뒷받침되어야 한다. 그런데 당시 무선통신 기술이 급속히 발전하기 시작했다. 자동차는 센서 몇천 개를 통해 달리는 차의 상태를 실시간으로 파악할 수 있는 컴퓨터가 되어버렸고, 경주 중에 벌어질 다양한 상황에 더욱더 효과적으로 대응하는 '지능형' 물건이 되었다.

*가장 빠른 자동차와 드라이버가 벌이는 국제 자동차 경주대회.

마찬가지로, 지난 10년간 디지털 기술이 도시를 뒤덮기 시작하면서 기반시설이 대대적으로 지능형으로 변모했다. 광대역 광섬유 통신망, 무선통신망을 이용하는 휴대전화, 스마트폰, 태블릿 보급이 확산되었다. 동시에 자유롭게 데이터를 읽고 추가할 수 있는 공개 데이터베이스, 그중에서도 특히 정부 데이터베이스 덕분에 모든 종류의 정보가 공개되고, 공공장소에 설치된 디스플레이를 이용해서 심지어 문맹자들조차 이런 정보에 접근하게 되었다. 여기에 센서와 디지털 제어 기술망이 더해지고 값싸고 강력한 컴퓨터와 결합하면서 오늘날의 도시는 급격히 '어디에나 컴퓨터가 있는' 곳으로 변모 중이다.

이런 환경에서 얻는 엄청난 양의 데이터는 도시의 일상적 활동을 최적화하도록 기반시설을 조절하는 시작점이 된다. 예를 들면 도로 상황을 실시간으로 파악해서 교통 흐름을 조절하고 대기 상태를 개선할 수 있다. 스웨덴 스톡홀름 시에서는 카메라가 자동적으로 도심에 진입하는 차량의 번호판을 인식해서 어디로 가는지 파악한 후 하루 요금으로 60크로나(약 9.5달러)를 부과한다. 이 시스템 덕택에 자동차들이 시내 중심부를 통과할 때 소비되던 대기시간이 50퍼센트나 감소했고, 오염물질 배출은 15퍼센트나 줄어들었다. 비슷한 기술을 이용해서 물 사용량을 줄이면(캘리포니아 주 소노마 카운티 수도국이 시행 중이다) 시민들에게 더 나은 환경을 제공할 수 있다.

매사추세츠공과대학교의 센서블시티랩(Senseable City Laboratory)이 최근에 개발한 두 가지 기술이 이를 잘 보여준다. 쓰레기 추적(Trash Track) 기술은 쓰레기가 도시의 폐기물 관리 시스템을 통과하는 과정을 감시해 어떻게 하면 더 효율적으로 (공급망이라는 용어에 대립되는) '폐기물망'을 만들면 될지 알려준다. 쓰레기 묶음에 붙은 전자태그는 이동통신망을 이용해서 각각의 묶음이 현재 어디를 향해 가는지 알려준다. 시애틀에서 있었던 시험에서는 유리, 금속, 플라스틱 등 재활용 가능 품목 2,000개 이상과 충전 배터리 등 위험 물품 그리고 모니터 등의 전자 기기를 추적했다. 그 결과 일부 폐기물은 미국을 가로지르기도 했다(6,125킬로미터를 이동한 프린터 카트리지도 있다!). 최종적으로 도달한 장소가 합법적인 경우도 있지만 그렇지 않은 경우도 있었다. 실험 결과, 폐기물을 더욱 효과적으로 처리하면 이산화탄소 발생을 줄일 수 있음이 드러났다. 시애틀 시는 이러한 정보를 이용해 시민들이 폐기물 재활용을 더 늘리든가, 위험 물품을 안전하게 버리도록 독려하면 된다.

두 번째 프로젝트인 리브 싱가포르(LIVE Singapore)는 도시환경의 모든 상황을 분석하려는 목적으로 시내에 장착된 수많은 통신 기기, 마이크로 콘트롤러, 센서를 통해 기록된 실시간 정보를 이용한다. 그 결과 도시를 이해하고 최적화하는 새로운 방법을 알아낼 수 있었고, 이를 이용해서 궁극적으로 시민들에게 이전과는 전혀 다른 경험을 제공하게 되었다. 리브 싱가포르의 공개 소프트웨어 플랫폼을 이용하면 많은 사람들이 협력적 방식으로 다양한 응용 프로그램을 만들어낼 수 있다. 퇴근시간에 가장 빨리 집에 도착하는 방법, 주민들이 자신의 주위에서 에너지 소비를 줄이는 방법, 태풍이 오면 도무지 길에서는 보이지 않는 택시를 잡는 프로그램 등이 대표적인 예다.

이처럼 기반시설을 효과적으로 활용하는 다양한 응용 프로그램이 있으며, 이들 대부분은 스마트폰으로 제공된다. IBM, 시스코시스템스(Cisco Systems), 지멘스(Siemens), 액센츄어(Accenture), 페로비알(Ferrovial), ABB 등의 대기업이 도시를 주목하는 데는 이유가 있다.

### 과거에서 얻은 교훈

고대 도시적 요소가 도시의 핵심을 이루는 이집트 카이로 시를 지속적으로 변화하는 도시의 현대적 모범이라고 불러도 틀린 말이 아니다. 1만 년 전 농업 발명으로 말미암아 인류는 정착 생활을 시작한다. 생존에 필요한 양 이상 농산물을 생산하자 마을에 특정한 역할을 하는 사람과 조직이 만들어졌다. 시장, 사원, 성 등은 상업, 종교, 행정 등의 역할을 하는 사회적 연결망을 만들어 냈다. 시간이 흐르면서 이런 연결망 안에서의 교류는 점점 더 계층화되고 복잡해졌다. 효율이 아니라 사교성이 도시에서 가장 중요한 앱이 되는 이유다.

수많은 역사적 건물을 통해 과거의 도시를 이해할 수 있는데 사실 현실적으로 보면 도시의 실제적 시설 대부분은 평범한 사람들이 만들었다. 도시의 많은 건물들은 사회경제적 삶과 마찬가지로 분권적이고 민주적이면서, 자유롭고 적응성이 있었다. 수많은 건물들의 구조와 설계에서 보이는 성과는 일부 뛰어난 건축가의 능력 덕분에 얻은 것이 아니다. 이는 공동체가 협력해 결과물을 만들어내는 화려한 양탄자나 매한가지였다.

고전적 도시들의 유기적 성장 과정을 살펴보면 미래의 스마트 시티가 교훈으로 삼을 만한 내용을 알 수 있다. 첫째, 도시 전체 설계를 한곳에서 지휘한 도시는 관습이나 문화의 반영, 혹은 성공한 도시가 보여주는 다양성의 혼합 같은 주민의 필요에 맞게 완성되지 못하는 경우가 많았다는 점이다. 중앙 집중적으로 추진된 도시계획에서는 주민들이 도시에 기대하는 바가 무엇인지 수없이 가정할 수밖에 없다. 따라서 현실에서 약간의 변화만 생겨도 문제가 일어난다. 그렇기 때문에 지난 몇십 년간 '지능형 주택'에 대한 수많은 시도는 실패하고 말았다. 지능형 주택의 설계자들은 거주자들이 새로운 기술을 이떤 식으로 자신들의 일상생활에 융합하고 싶어 하는지 수없이 잘못된 가정을 했고, 예상치 못한 상황에서 적응하기 위한 능력을 전혀 제공하지 못했다.

둘째, 하향식으로 제시되는 미래에 대한 전망으로는 시민 계층이 지닌 거대한 잠재력을 못 보게 되기 쉽다. 특별한 중심 주체 없이 이루어진 웹 기술의 발전이 사회적 상호작용이란 측면에서 어떤 결과를 가져왔는지는 누구나 잘 안다. 스마트 시티 건설에 필요한 기본 요소를 제공하면 처음부터 계획에 따라 완성된 형태의 도시를 건설하는 것보다 뛰어난 도시의 건설에 있어서 훨씬 창의적 결과를 만들어낸다. 뉴욕 시가 후원하는 빅앱스(BigApps)* 대회에서 발굴된 앱과 한국 송도의 고해상도 화상회의 시스템 중 어느 쪽이 더 효과적으로 활용되는지 비교해본다면 진정한 혁신은 아래에서 시작된다는 사실을 알 수 있다.

*뉴욕을 뜻하는 Big Apple과 App의 합성어.

마지막으로, 효율에만 집중하다 보면 시민들이 추구하는 기본 목표인 사회적 결합·삶의 질·민주주의·법에 의한 운용 등을 간과하기 쉽다. 기술을 이용해서 사회성을 향상시키려는 노력은 이런 목표와 동시에 효율도 중시하게 해준다. 예를 들면 도플러(Dopplr)라는 이름의 앱은 여행 중의 탄소 배출량을 계산해서 사용자들에게 공개함으로써 지속 가능한 생활양식을 권장하는 효과가 있다.

### 아래부터 만들어가기

도시를 구상하고 만들어나가는 시작점의 초점을 사회적 공감대에 맞추고 시민들을 혁신의 원천이라고 본다면 어떤 식으로 스마트 시티를 만들어나갈 수 있을까?

이상적으로 보면 누구나 이용하는 소형 개인용 기기와 사람들을 센서로 활용하는 편이 물리적 센서를 여기저기 부착해놓는 방법보다 바람직할 것이다. 구글 지도의 교통 정보 기능이 좋은 예다. 구글은 모든 도로에 교통량 감지 센서를 설치하는 비용이 많이 드는 방법 대신 익명 정보 제공에 동의한 수많은 사람들의 스마트폰에서 최신 실시간 정보를 받아 교통량과 정체 등을 파악한다. 이 정보는 운전자에게 다양한 방식으로 전해져 스마트폰 지도 앱에 표시된다. 교통량에 따라 다양한 색으로 지도에 표시되거나, 목적지까지의 예상 소요시간이 표시되거나, 다른 경로를 선택할 때의 판단 기준으로 사용되기도 한다. 이런 식으로 사용자는 도시의 상태를 실시간으로 파악하고, 출발지에서 목적지까지의 소요시간이나 비용이 지속적으로 변한다는 사실도 이해하게 된다. 물론 구글은 자생적 플랫폼이 아니지만, 이 사례는 사용자들이 얻어낸 정보를 활용하면 도시의 기반시설 활용에 얼마나 도움이 될지 잘 보여준다. 또한 스마트 시티에서는 상부의 통제 없이도 효율적으로 사회적 협조가 이루어진다는 사실도 드러났다. 교통 전문가의 지시가 아니라 타인이 제공하는 정보를 통해서 누구나 최적 경로를 찾을 수 있다.

구글의 교통 앱은 기존에 보급된 각종 기기의 활용성을 매우 높여준다. 사용자가 측정한 정보를 활용하는 방식을 쓰면 사람들의 행동, 움직임, 주변 환경, 건강 상태 등을 측정하고 기록하는 기술을 신속하고 저렴하게 구현할 수 있다. 2009년, 프랑스 파리 시에는 대기 중 오존 측정 장치가 열 개 남짓 있었다. 더 많은 설치를 위해 인터넷 싱크탱크 핑(Fing) 주관으로 스마트 기기 200대를 파리 시민에게 보급하는 그린 와치 프로젝트(Green Watch project)가 실시되었다.

사용자들이 이 기기를 착용하고 다니면 기기가 주변의 오존과 소음 수준을 측정하고, 시티펄스(Citypulse) 소프트웨어가 그 측정값을 모아 결과를 공개한다. 첫 번째 시범 실험에서, 증설이 쉽지 않은 기존 고정형 장비에 비해 이런 방식으로 얼마나 저렴하게, 즉각 정보를 모을 수 있는지가 드러났다. 또한 시민들은 환경 감시와 규제 활동에 직접적으로 참여할 수 있었다. 결국 앞으로는 전화기, 차량, 의복 등 다양한 방면에 이런 방식의 정보 검출 장치가 장착될 것이다.

시민이 참여하는 방식은 도시의 사회적 연대 활동 형태도 바꾼다. 그루폰(Groupon)이나 리빙소셜(LivingSocial) 등의 인터넷을 이용한 공동구매가 보여주듯이, 모바일 네트워크를 이용해 지역경제와 시민을 연결하면 강력한 효과가 있다. 이처럼 도시에서 일어나는 새로운 형태의 활동은 더욱 지속적인 사회적 접촉점이 되기도 한다. 아마모우가 튀니스에서 이용했던 포스퀘어 SNS는 시내로 나가는 행동을 모바일 게임으로 바꿔버린다. 이 앱에서는 모든 카페, 바, 식당에 가장 많이 방문한 사람이 '시장'으로 선정된다. 마치 도시학자 제인 제이콥스(Jane Jacobs)가 1961년 《미국 도시의 흥망성쇠(The Death and Life of Great American Cities)》에서 "스스로 임명한 공직"이라고 표현했던 것처럼 말이다. 제이콥스가 말했듯 지역사회가 안전하고 사회적으로 결합되어 있으려면 주민들끼리의 소통이 중요하다. 또한 포스퀘어 앱 속 시장들에게서 볼 수 있듯이 최첨단 디지털 도시에 활력이 넘치는 것은 시민들의 활동성과 참여성이 높기 때문이다.

시민이 주체가 되도록 하는 또 다른 방법은 건물, 광장, 심지어 조각 같은 상징물에도 센서와 모터를 설치하는 것이다. 이런 기기들을 통해 길 가는 행인들은 도시의 행동양식을 변화시킬 수 있다. 예를 들면 스페인 사라고사 시에 있는 공공조각 디지털 워터 파빌리온(Digital Water Pavillion)의 벽은 시민들이 조작하고 그에 반응하는 분수로 되어 있다. 누군가 그 사이로 걸어가면 물이 멈추어 보행자들은 물에 젖지 않고 걸어 다닐 수 있다.

이 같은 소프트웨어상에서의 세계는 실제 도시보다 더 확장될 것이다. 오늘날 많은 도시에서는 311에 전화해 해당 도시 시청의 정보와 서비스를 비롯한 모든 사항에 관한 내용을 빠르게 알아보는 것이 가능하다. 이런 시스템은 앞으로 위키피디아 같은 방식으로 모든 시민의 협력과 공조를 통해 발전하는 대규모 정보 저장소로 발전할 것이다. 예를 들면 보스턴에서 스마트폰의 311 앱

(앱 이름은 Citizen's Connect)을 이용하는 사람이 자기 집 쓰레기통에 들어온 쥐 때문에 도움을 청한다면 해당 구청 동물 관리과 직원이 출동하기 훨씬 전에 주변 주민에게 도움을 받고 아마도 쥐를 쫓아내고 난 뒤 311 시스템에 연락해 이미 문제가 해결되었다고 이야기하게 될 것이다. 점점 많은 정부 시스템에서 시민이 직접 정보를 추가하거나 편집하도록 하기 때문에, 복지나 교육처럼 응급 대응이 필요하지 않은 분야에서는 서비스 제공과 비용 마련에 대한 혁신적 방법을 찾는 데 도움이 된다.

온라인 게임의 성공은 어떤 식으로 자발적 참여자를 끌어모으고 보상할지 생각해보게 한다. 하지만 시민들의 관점에서는 불특정 대중의 역량을 활용하는 이런 '크라우드소싱(crowdsourcing)' 방식을, 시 당국이 엄연한 자신들의 업무를 편히 해결할 방법으로 여기지 않도록 분명히 해둘 필요가 있다.

컴퓨터 사용법이 더 자연스러워지면 기술적 지식이 없는 사람이나 장애인, 글을 해독하지 못하는 사람도 도시 생활에 참여하기가 쉬워지고 도시 발전에 기여할 기회가 생긴다. 안면인식 기술과 손의 움직임을 인식해서 컴퓨터를 조작하는 방식에는 아직 발전의 여지가 많지만, 서던캘리포니아대학교 창의기술연구소(Institute for Creative Technologies)에서는 음성합성 및 인식 기술과 손짓을 결합해 구글의 이메일 시스템을 사용하는 기술을 개발했다. 이 기술을 이용하면 글을 읽기 어려운 사람이나 고령자, 장애인도 이메일과 인터넷을 사용할 수 있다. 600군데가 넘는 브라질 빈민가나 가난한 지역의 인터넷 카페에 이런 기술이 보급되면 도시의 융합에 큰 도움이 될 것이다.

도시가 더욱 지능화하는 데는 견제와 균형이 중요한 요소다. 네트워크로 연결된 도시에서는 시민들이 시의 운영을 감시하는 방법도 변하고 있다. 에브리블록(EveryBlock) 같은 지역 뉴스 사이트에서는 개별 거리에 관한 웹 정보와 공공데이터를 결합해서 지역 이슈를 보도하고, 해당 자치단체를 전통 TV나 신문보다 훨씬 더 철저하게 감시한다. 캘리포니아 주 오클랜드 크라임스포팅(Oakland Crimespotting) 같은 웹사이트는 주민들이 범죄와 관련된 자세한 자료를 실시간 SNS, 정부 자료 등을 이용해 스스로 분석하고 만들어보도록 해준다. 뉴욕 시 컴스탯(CompStat) 등의 범죄 정보 시스템은 이미 오래전부터 경찰이 범죄와 관련된 자세한 지도를 만드는 데 도움을 주고 있다. 일반 시민들이 범죄 관련 정보를 더 쉽게 얻는다면 시민들이 공공안전과 경찰 업무 분석을 돕게 되고 지금까지와는 다른 형태의 지역 치안 방식이 만들어질 것이다.

### 시민들이 만들어나가는 실험실

마스다르 시의 미래 청사진은 도시 설계에 관여한 소수의 사람만이 우월주의를 갖고 효율에 집중한다는 위험성이 있는 반면 목표의 분명함이라는 장점도 있다. 시민들에게서 시작되는 스마트 도시는 항상 현재 진행형이다. 또한 유기적 유연성은 가장 큰 단점이 되기도 한다. 하지만 시민들이 도시 혁신에 끝없이 관심을 가짐으로써 언뜻 보기에 무질서한 도시가 전 세계와 함께 움직이게 된다. 진전 속도를 높이려면 좋은 아이디어를 걸러내고 평가하며, 아이디어들이 서로 상승작용을 일으키는 체계를 만들 필요가 있다. 과거에 시내버스 체계나 자전거 대여 서비스 등의 바람직한 개념을 퍼뜨렸듯이 대중에게서 새로운 공공서비스 아이디어를 얻거나 시민 개개인을 센서로 활용하는 방법 등을 피뜨리는 것이다.

진정한 의미의 스마트 도시를 만들려면 도시의 시장·건축가·관료·기술자들은 시민들이 싹 틔운 혁신적 계획과 도시라는 조직이 지닌 방대한 기술적 자원을 결합해야 한다. 뉴욕·런던·싱가포르·파리 등 대도시 행정조직이 첫 번째로 할 일은 이전까지 정부가 독점하던 정보를 공개하는 것이다. 그럼으로써 기업가들은 이를 활용해 시민들에게 필요한 소프트웨어를 만들 수 있다. 물론 어떻게 기업가들이 그런 추진력을 유지할 수 있을지는 미지수다. 많은 소프트웨어 제작자들이 창의력을 갖고 뛰어들겠지만, 기업과 정치가들은 혁신이 꽃을 피울 대규모 시스템을 유지할 필요도 있다. 따지고 보면 카이로와 튀니스에서 일어났던 일도 보더폰사(Vodafone)와* 여타 다른 대기업이 만들어놓은 기반시설이 있었기에 가능했다.

*영국을 근거지로 하는 대형 이동통신사.

또한 이것은 도시의 지도자들에게 달려 있다. 그들이 시민의 의견을 청취하고 그들만의 스마트 시티 비전을 함께 만들어가야 한다. 모든 공동체는 그 나름대로 처한 상황이 다르고, 이를 해결하기 위해 활용할 수 있는 자원 또한 다르다. 일부 지역의 경험이 동영상, 데이터 세트, 컴퓨터 모델링, 시각화 등으로 구축되어 다른 지역에서 이것을 따라 할 수도 있을 것이다. 그러나 최고의 스마트 시티 솔루션은 그 도시의 경험에서 나와야 한다. 따라 할 수 없는, 유일한, 그 지역만의 스마트 시티여야 한다.

### 모두를 위한 스마트 시티

마스다르 시에서 미래의 삶의 모습을 엿볼 수 있을까? 아니면 도시 설계자들의 원대한 꿈이 결국 현실에서는 실패로 끝나 기계가 지배하는 세상을 표현했던 프리츠 랑(Fritz Lang)의 영화 〈메트로폴리스(Metropolis)〉(1927)와 마찬가지 운명을 맞게 될까? 마스다르 시에는 두 가지 측면이 어느 정도씩은 다 있다. 마스다르 시 어디서나 컴퓨터를 활용해서 교통부터 에너지 공급까지 도시의 다양한 시스템을 최적의 상태로 만든다. 그러나 이미 5년이 지나고 10억 달러 이상이 투입되었음에도 마스다르 시는 여전히 모든 것을 중앙에서 결정하는 형태를 벗어나지 못하는 단점을 보여주며 원래 계획을 대규모로 변경해서 일반적인 신도시로 탈바꿈시키려는 시도가 있다. 도시가 진정한 의미에서 '지능형'이 되려면 효율을 높여주는 지능형 시스템 이상의 무언가가 필요하다.

도시가 성장하려면 시민들의 자발적인 움직임에 더욱 의존해야 한다는 사실은, 지능적이면서 다양하게 연결된 미래 공동체가 어떤 모습이어야 할지, 어떤 식으로 설계되고 건설되어야 할지를 지금까지와는 전혀 다른 방식으로 생각할 필요성을 알려준다. 시민들의 일상을 가능한 지능적 방법으로 만드는 데 자발적 참여를 유도함으로써 도시의 실질적 구성요소인 공동체는 더욱 지능형으로 진화할 수 있다.

# 2-2 혁신의 원동력

에드워드 글레저

로스앤젤레스에서 뭄바이에 이르기까지 어느 도시를 막론하고 범죄, 교통정체, 오염 문제로 골치를 썩는다. 그러나 도시에는 이런 단점을 상쇄하고도 남을 장점이 있다. 다양한 사람들을 직접 만날 때만이 경제적 부를 쌓을 기회와 창의적 영감을 얻을 수 있는데 도시에서는 이것이 가능하다. 실제로 사람들이 밀집해서 살아감으로써 일어나는 상호 협조를 통해 산업혁명이나 디지털 시대처럼, 인간이 획득할 수 있는 최고의 아이디어를 찾아낼 수 있었다. 앞으로는 이런 협력이 빈곤, 에너지 부족, 기후 변화 등 세계 어디서나 아주 어려운 문제를 해결하는 데 도움을 주고, 최근 카이로에서 전 세계를 놀라게 했던 것 같은 근본적 정치 변화를 이끌어낼 것으로 기대된다.

왜 도시에서는 사람들이 가진 잠재력이 발휘되는 걸까? 요즘의 기술로는 화상회의도 가능하고, 인터넷을 이용하면 하루 24시간 언제 어느 때건 연락을 할 수 있지만, 그 어느 것도 사람들이 사무실·술집·체육관 등지에서 만날 때처럼 가치(상대방을 이해했다, 혼란스럽다 등의 의사를 표정으로 전달하는)를 제공하지는 못한다. 도시에서는 다양한 사람들과 예상치 못했던 교류를 한다. 이를 통해서 도시는 가장 어려운 문제들을 풀어줄 새로운 아이디어에 필요한 통찰력을 드높일 기회를 제공한다. 월스트리트에, 혹은 구글의 뉴욕 사무실에 근무하는 젊은이들은 주변 사람들의 성공과 실패에서 무언가 배우게 마련이다. 어느 시대나 항상 그랬다.

18세기 영국 시골 마을들에서 마치 연쇄작용처럼 퍼져나가며 이루어졌던 산업혁명을 떠올려보자. 버밍햄의 루이스 폴(Lewis Paul)과 존 와이엇(John Wyatt)이 시작한 방직 기술을 존 케이(John Kay)와 토머스 하이스(Thomas Highs)가 다듬었다. 그러고는 이들이 맨체스터 교외에서 술잔을 기울이며 나눈 대화 덕택에 이것이 리처드 아크라이트(Richard Arkwright)에게 전해진다. 아이디어를 확대재생산함으로써 도시는 경제적 번영과 혁신, 시민의 건강, 심지어 우리 자신을 다루는 새로운 방식을 이루어낸다.

### 아이디어 고속도로

개발도상국들의 도시는 아이디어가 지속적으로 교환되는 가운데 빈곤에서 벗어나 번성할 수 있었다. 인구 대부분이 도시에 거주하는 나라의 평균 소득은 인구 대부분이 농촌에 거주하는 나라의 다섯 배가 넘는 수준이다. 인도의 각 지역을 비교해보면, 평균 교육 수준이나 나이에 변화가 없는데도 인구밀도가 늘어남에 따라 평균 개인 소득이 20퍼센트까지 늘어났다.

국제적 경제 교류의 매개지로서, 도시는 세계경제 통합에 큰 역할을 담당한다. 개발도상국 국민들은 자신들의 시간을 투입해서 만들어낸 제품과 서비스를 부유한 국가에 판매함으로써 풍요를 누릴 수 있다. 여기서 핵심은 도시가 가난한 나라와 부유한 나라를 연결해준다는 사실이다.

한 가지 사례를 보자. 인도의 거대 소프트웨어 기업 인포시스사(Infosys) 창업자 가운데 하나인 백만장자 나라야나 무르티(N. R. Narayana Murthy)는 1960년대에 마이소르대학교와 칸푸르에 있는 명문 공과대학 IIT를 졸업했지만, 그 시절 인도에서는 공과대학교를 졸업해도 돈을 벌기가 쉽지 않았다. 무르티는 파트니컴퓨터시스템사(Patni Computer Systems), 즉 현재의 아이게이트파트니사(iGATE Patni)에서 일하기 시작했다. 미국에 사는 이 회사의 창업자들은 미국 소프트웨어 산업에서 어떤 식으로 사업을 해야 하는지 알았다. 이들은 자신들이 가진 지식을 인도로 보냈고, 무르티로 하여금 미국 기업을 위한 소프트웨어를 제작하는 푸네 시의 사무실을 관리하도록 해서 인도의 지식과 미국의 시장을 연결했다.

1981년 이들은 독자적 소프트웨어 회사를 세우고, 1982년에는 최초의 미국 고객을 확보했다. 이들의 사무실이 근처에 있기를 원했던 독일 자동차 부품 회사는 1년 뒤 이들과 협력하기 위해 방갈로르 시로 회사를 옮겼다. 인포시스사는 거의 30년 이상 창업자들에게 몇십억 달러의 부를 안겨주고 방갈로르 시에서 교육한 인도인 몇천 명에게 전 세계를 대상으로 이들의 기술을 판매하게 했다. 이런 성공은 방갈로르 시의 동네 식당과 택시에까지 영향을 주어, 몇천 명이나 되는 사람들이 새로운 일자리를 얻었다.

또 다른 놀라운 사례가 홍콩에서 멀지 않은 곳에서 일어났다. 중국 선전에는 1980년까지도 이렇다 할 산업이라 할 만한 것이 없었는데, 강력한 중앙집권 체제인 중국 정부가 외국의 제조업 투자를 끌어들이려고 이곳을 특별경제구역으로 지정한다. 정부는 무역 거래에서의 세금 우대와 면제를 통해 투자를 장려했다. 중국의 저렴한 노동력 활용이라는 분명한 이익을 좇아 제조업체들이 몰려왔고, 중국 시골보다 훨씬 좋은 수입이 보장되는 일자리를 좇아 노동자들이 몰려왔다. 펩시사(Pepsi)는 1982년 선전에 진출한 최초의 미국 기업이었고, 홍콩 임금의 일부에 불과한 임금으로 홍콩 시장용 음료수를 제조했다. 다른 외국 기업도 줄을 이었고 장난감, 핸드백, 운동화에 이어 더욱더 복잡한 물품이 생산되기 시작했다. 오늘날 이 지역 인구는 900만에 이르며, 맥킨지앤드컴퍼니사(McKinsey & Company)의 경제 연구 부문인 맥킨지글로벌인스티튜트(McKinsey Global Institute)는 2025년에는 이곳이 전 세계 도시 권역 중 10위 규모에 이를 것으로 내다본다.

### 도시와 시민의 건강

도시는 경제적으로 생산성을 높일 뿐 아니라 시민들의 건강도 개선한다. 오늘날 뉴욕 시 주민의 평균 기대 수명은 미국인 전체보다 1년 정도 높다. 뉴욕 시에 거주하는 고령자들이 왜 다른 지역 고령자에 비해 더 건강한지 그 이유는 분명치 않다. 어떤 사람들은 뉴욕에서는 사람들이 많이 걷기 때문이라고도 하고, 또 높은 인구밀도 덕분에 사회적 접촉 기회가 많기 때문이라는 견해도 있다. 어쨌거나 젊은 사람들의 경우에는 이유가 분명하다. 35세 이하 인구의 주요 사망 원인은 교통사고와 자살인데, 이 두 가지 모두 도시에서의 발생률이 훨씬 낮다. 뉴욕 시에서 교통사고로 인한 사망률은 비도시 지역에 비해 70퍼센트 이상 낮다. 저녁에 술을 몇 잔 마신 뒤라면 지하철로 귀가하는 편이 운전을 하는 것보다 훨씬 안전하게 마련이다. 또한 도시에서는 건강 관련 정보를 쉽게 얻을 수 있다. 전염병학의 개척자 존 스노(John Snow)는 19세기에 런던시에서 자신에게 필요한 정보를 입수함으로써 콜레라를 규명할 수 있었다. 지도를 통해 콜레라가 번진 지역을 확인함으로써, 콜레라와 물 공급 펌프 소재지의 관계를 파악할 수 있었기에 오염된 물과 콜레라 감염의 관련성을 밝혀낼 수 있었던 것이다. 최근에는 파리 연구진이 비슷한 방식으로 AIDS 대책을 밝혀내기도 했다. 이처럼 도시가 질병에 맞서는 가장 효과적 대책을 제공하는 경우는 흔하다.

개발도상국의 도시는 보건 측면에서 아직 개선의 여지가 있다. 이는 부분적으로는 해당 국가의 정부가 도시에 필요한 기본적 기반시설을 미처 구축하지 못했기 때문이다. 그럼에도 도시는 자체적 해결책을 찾아낼 수 있다. 경우에 따라서는 주민이 밀집해서 거주하기 때문에 독재 정부에 대항하는 조직적 움직임을 만들어내기가 용이할 때도 있다. 도시에서 일어난 봉기의 결과가 항상 민주주의 정부로 이어지지는 않지만, 현재 안정된 민주주의를 누리는 대부분의 국가는 도시에서의 봉기를 경험한 바 있다.

네덜란드는 유럽에서 탄생한 최초의 현대적 의미의 공화국이다. 이 나라는 모직 산업의 중심지이던 플랑드르, 브뤼헤 같은 도시에서 몇백 년에 걸쳐 심심치 않게 시민 봉기가 일어났던 역사를 갖고 있다. 브뤼헤의 중앙광장에는 직공과 정육업자, 도시의 직인(職人) 동상이 서 있다. 이들이 각자의 직업으로 도시에 기여해서가 아니라 프랑스 왕조에 저항하기 위해 자신이 속한 길드

회원들을 규합했기 때문이다. 1302년 5월 18일, 이들은 오늘날 브뤼헤 마틴즈(Brugge Matins)라고 불리는 반란 조직을 만들어 봉기를 일으키고, 브뤼헤를 점령했던 프랑스군을 학살한다. 거의 두 달이 지난 뒤, 훈련된 브뤼헤의 직인들은 협력자들과 함께 황금 박차 전투(Battle of Golden Spurs)에서* 프랑스 기사단을 궤멸했다.

*코르트레이크 전투라고도 한다.

그러나 공화국이 만들어지기까지는 이 승리 이후로도 종교개혁이 시작되어 북부 유럽의 도시에 퍼져나가고, 반란을 일으킬 만한 종교적 이유가 더해지는 시기까지 몇 세기를 더 기다려야 했다. 1556년 지금의 벨기에, 네덜란드, 룩셈부르크 지역 국가들의 소유권이 스페인 합스부르크 왕가에 넘어갔는데, 스페인은 이 지역에 세금을 부과하고 통제하려 했다. 도시들은 다시 연합한다. 우상 파괴에 이어 총봉기가 뒤를 이었다. 저항은 몇십 년 간 계속되었고 플랑드르는 스페인의 일부로 남았다. 최종적으로는 세계를 무역으로 지배하고 이후 많은 공화국이 따르고자 하는 모범이 된 도시 공화국, 네덜란드가 탄생했다.

미국에서 일어난 봉기는 인구가 밀집된 18세기 보스턴에서 시작되었다. 보스턴은 새뮤얼 애덤스(Samuel Adams)와 존 핸콕(John Hancock) 등의 혁명가들을 연결해주었다. 핸콕은 군중을 모아 영국의 경제정책에 반발하도록 만들고 이를 이용해서 돈을 벌고 싶어 했다. 애덤스는 군중을 움직이는 방법을 알고 있었다. 이들은 존 애덤스(John Adams), 폴 리비어(Paul Revere) 등을 비롯한 여러 보스턴 동료들과 힘을 합쳐 국민주권주의 운동의 핵심 세력이 된다.

## 2-2

### 페이스북 혁명

자유라는 사상을 퍼뜨리고 수많은 사람을 규합하는 도시의 능력 덕분에 1789년의 파리에서 1917년 러시아 상트페테르부르크, 2011년 카이로에 이르기까지 수많은 봉기가 일어났다. 호스니 무바라크를 대통령 자리에서 끌어낸 일은 페이스북 혁명이라고도 불리지만, 만약 사람들이 무바라크를 그저 페이스북에서 비난하는 데 그쳤다면 그는 자리를 지킬 수 있었을 것이다. 정말로 그를 끌어내려면 사람들이 타흐리르 광장으로 모일 필요가 있었다.

인류는 고질적 가난, 지구온난화 등 끊임없이 도전에 직면하지만, 도시를 바탕으로 지금까지 인류가 만들어온 역사의 결과는 미래를 낙관적으로 바라보게 만든다. 필자는 인간이라는 종은 협력을 바탕으로 기적을 이룰 능력을 지녔음을 확신해 마지않는다. 인간이 가진 최고의 재능은 다른 사람에게 무언가를 배우고, 협력하고, 지혜를 모아 문제를 해결하는 것이라 할 수 있다.

인터넷을 기반으로 하는 새로운 미디어는 이런 협력을 강화할 수 있지만, 그런 면에서는 도시가 제공하는 사람들끼리의 직접적인 만남도 별다르지 않다. 도시는 몇천 년 전부터 인류가 직면했던 문제를 푸는 데 핵심 역할을 하고 있으며 앞으로도 그럴 것이다.

# 2-3 대도시가 더 효율적이다

루이스 베텐코트 · 제프리 웨스트

몇백 년 동안, 사람들은 도시를 공공보건 면에서 전염병 등의 위험성이 있고, 공격성이 존재하며, 높은 생활비가 필요한 거대한 비자연적 구조물로 바라보았다. 그런데 왜 사람들은 세계 어디서나 농촌을 떠나 도시로 몰려드는 걸까? 도시의 다양한 측면을 대상으로 한 최근의 연구 결과는 그 해답을 알려준다. 바로 도시는 사회적·경제적 활동을 집중하고, 가속화하며, 다양화하는 곳이라는 점이다.

도시에 사는 사람들이 발명을 더 많이 하고 경제성장 기회도 더 많이 창출한다는 것이 통계에서 드러난다. 인구가 밀집되면 1인당 에너지 소비가 낮아서 관련 기반시설이 덜 필요하기 때문에 대도시가 가장 환경 친화적 지역인 경우도 많다. 교외나 농촌에 비해 도시는 적은 에너지로 많은 성과를 낸다. 또한 도시가 클수록 더 생산적이고 효율적이 되는 경향이 있다.

### 인구의 힘

이처럼 도시에 대해 더욱 정량적 연구가 가능해진 것은, 전 세계적으로 도시와 그 주변 지역에 대한 공식 통계뿐 아니라 주민들의 사회 활동에 관한 자료를 포함해 과거보다 많은 정보를 입수하게 되었기 때문이다.

우리 연구팀은 전 세계 몇천 개 도시에서 만들어진 홍수처럼 넘쳐나는 정보를 걸러내어, 한곳에 밀집된 인구가 경제 활동, 사회간접자본의 투자 효과, 사회적 활력에 미치는 여러 가지 수학적 '법칙'을 찾아내는 데 성공했다. 미국, 중국, 브라질을 포함한 여러 나라 대도시는 다양성이 있지만 어느 도시에서나 사회경제적 특성과 인구 증가 사이에는 공통점이 존재했다. 예를 들면 어떤 도시의 인구가 4만에서 8만으로건, 400만에서 800만으로건 두 배 늘어나면, 평균적인 1인당 임금과 특허 수는 비슷하게 15퍼센트씩 늘어났다. 800만 인구가 한 도시에 산다면, 이 도시의 경제력은 인구 400만인 두 도시를 합친 것보다 대개 15퍼센트 정도 높았다. 우리 연구팀은 인구가 늘어남에 따라 이처럼 도시의 사회경제적 성질이 더 두드러지는 현상에 '초선형 확장(superlinear scaling)'이라는 이름을 붙였다.

데이터 분석 결과에 따르면 도시의 자원 활용에서도 방향은 반대지만 유사한 법칙을 발견할 수 있다. 도시의 규모가 두 배가 되어도 주유소부터 총배관 연장, 도로 연장, 전선의 길이 등 어떠한 기반시설도 그만큼 늘지 않는다. 이런 숫자는 오히려 인구보다 느리게 늘어난다. 인구 800만인 도시는 인구 400만인 도시 두 곳에 비해 기반시설이 15퍼센트 덜 필요하다. 이런 패턴은 '부선형 확장(sublinear scaling)'이라고 부른다. 평균적으로 도시가 클수록 더 효율적으로 기반시설을 이용하므로, 1인당 물자와 에너지 소비량, 오염물질 배출 규모가 줄어든다.

또한 연구 결과에 따르면 이 같은 생산성 증가와 비용 감소는 국가의 산업화 정도, 부유함, 기술 수준과 거의 관계없이 공통적으로 나타났다. 물론 선진국 도시에서는 입수할 수 있는 관련 자료가 훨씬 많지만, 개발도상국에서도 점점 더 많은 정보를 얻게 되었는데, 데이터가 보여주는 내용은 별 차이가 없었다. 예를 들면 브라질과 중국 도시의 국내총생산은 미국과 서유럽 도시들에 비해 절대 수치는 낮았지만 마찬가지로 초선형 확장 형태를 보였다. 우리 연구팀은 기본적 사회경제적 절차가 상파울루 빈민가건, 스모그에 덮인 베이징이건, 코펜하겐의 아담한 거리건 간에 어디서나 유사하기 때문에 이 법칙이 성립한다고 본다.

초선형 확장 현상은 전 세계 어디에서나 나타난다. 평균적으로는 도시 규모 대비 15퍼센트다. 하지만 현실 속에서 각각의 도시는 평균값을 초과하거나 그에 못 미치기도 한다. 40년간의 자료를 자세히 분석해보면 샌프란시스코와 보스턴은 도시 규모에 비해 더 부유한 반면 애리조나 주 피닉스와 캘리포니아 주 리버사이드는 덜 부유함을 알 수 있다. 이런 현상이 몇십 년 이상 지속되었다는 사실은 흥미롭다. 다른 도시보다 상대적으로 상황이 좋은 도시는 계속 좋았고, 그렇지 못한 도시는 기존 상황을 유지했다. 일례로, '제2의 실리콘밸리'를 꿈꾸던 많은 도시들은 거의 대부분 목표를 달성하지 못했다.

우리 팀의 연구 결과는, 단지 눈에 보이는 기반시설이 아니라 사회적 역동성이라는 추상적 측면이 혁신과 부의 창조라는 선순환 고리에서 핵심이 된다는 사실을 암시한다. 도시 내에서 창업 의욕을 고취한다든가 첨단 이미지, 우월함과 경쟁력을 갖추는 것을 당연시하는 문화 등은 다양한 측면에서 해당 도시의 사회적 구조와 관련되어 있다. 따라서 다른 도시가 몇 가지 정책만으로 따라잡기는 어렵다. 우리 연구진은 이 흥미로운 연구 결과가 지속 가능한 사회경제적 개발에 도움이 되기를 기대한다.

그런데 도시 인구가 증가하면 높은 생산성이나 혁신과 뚜렷한 관계가 있는 사회적 교류가 더 높은 강도로 잦아지는 동시에 비효율성을 제거하려는 경제적 압력도 늘어난다는 점은 분명하다. 임대료가 비싼 도시에서는 기본적으로 이를 감당할 수 있는 수준의 활동만이 가능하다. 이런 경제적 압력은 시민들로 하여금 이를 극복할 수 있도록 더 높은 부가가치를 창출하는 새로운 형태의 조직과 상품, 서비스를 만들게 한다. 이로써 발생한 높은 이익률, 경쟁력은 더 많은 인재를 도시로 끌어들이므로 임대료는 더 올라간다. 사람들은 다시 이를 극복할 방법을 찾는다. 한마디로, 사회경제적 활동이 증가하면서 도시가 만들어내는 이런 선순환이 혁신을 가속하는 핵심적 이유인 것이다.

### 높은 인구밀도가 오히려 환경 친화적이다

부유한 나라와 가난한 나라 모두에서 도시는 경제적 기회를 창출한다. 하지만 부유한 곳에 사는 사람들은 가난한 나라에서 도시로 몰려오는 사람들이 왜 나이로비, 라고스, 뭄바이 등의 빈민가처럼 오염, 범죄, 질병이 가득한 곳에 모여드는지 잘 이해하지 못한다. 하지만 과거에는 지금의 선진국에서도 마찬가지 일이 벌어졌다. 찰스 디킨스(Charles Dickens)가 묘사한 1800년대 중반 런던이나, 제이콥 리스(Jacob Riis)가 찍은 18세기 후반 뉴욕 로어이스트사이드 지역 모습을 보면 지금의 이런 곳과 별다르지 않다. 런던과 뉴욕은 19세기에 각각 일곱 배, 육십 배씩 폭발적으로 성장했다. 오늘날 성공적인 도시들은 이런 문제가 피할 수 없는 것이 아님을 보여준다. 사실 대부분의 문제는 무계획적 도시 운영에서 비롯된다. 도시는 국가 차원에서 사회경제적 발전의 토대가 되기 때문에, 도시의 성공 여부가 치밀한 계획과 운영에 달렸다는 사실을 깨닫는 것은 가장 중요하고도 항상 염두에 두어야 할 사항이다.

굳이 정책을 이용하지 않더라도, 경제적 부와 혁신 이외의 다른 혜택도 누릴 수 있다. 두드러진 예는 도시가 환경에 미치는 영향이다. 구체적 수치 자료는 최근에야 입수되었지만, 미국의 경우 규모가 큰 도시일수록 1인당 이산화탄소 배출량이 적다는 건 익히 알려진 사실이다. 이런 결과는 정책에 의한 것이 아니다. 인구가 밀집되면 자동차보다 에너지 효율이 적어도 열 배 이상 높게 마련인 대중교통이 보급되고, 어지간한 거리는 차를 타기보다는 걸어서 다닌다. 이러한 현상 때문에 부수적으로 앞서의 효과가 나타난다.

인도나 중국 등 개발도상국에서는 아직 사회기반시설이 미비하기 때문에 대도시가 가져다주는 환경적 혜택을 기대하기 어렵고, 급속한 성장과 환경의 양립에 대한 사회적 합의도 부족하다. 그러나 결국은 도시화가 전 세계적 환경 문제를 해결하는 데 가장 지속 가능한 해법이라는 점은 분명하다.

끝없이 성장하면 언젠가는 위기에 봉착하게 되어 있다. 이런 난관을 극복하고 성장을 이어갈 정도로 엄청난 혁신이 일어나지 않으면 도시는 쇠퇴할 수도 있다. 이런 관점에서 볼 때 도시란 결코 안정된 상태에 도달할 수 없는 존재다. 도시는 항상 도시를 하나로 엮어주는 힘과 무너뜨리려는 힘이 줄다리기를 하는 듯한 동적 균형 상태에 있다. 이런 긴장 상태는 도시가 혁신을 추구하려는 또 하나의 동기가 된다. 인류 문명의 위대한 발명들은 대부분 절박함에서 출발했다. 개인이 생계를 꾸리려고 여는 소규모 커피숍들은 말할 것도 없지만 배관, 전기, 심지어 민주주의만 보아도 그렇다.

도시는 성장하면서 지속적으로 도전에 맞닥뜨린다. 바로 인간의 창의력이 도시 인구의 증가 속도를 감당할 수 있는가, 이 과정에서 1인당 자원 소비량을 줄이면서 지구에 미치는 영향도 줄일 수 있는가 하는 것이다. 이런 추세가 지속되면 분명 도시는 끊임없이 성장하면서 더욱 창의적이고 번영하는 인류의 미래가 될 것이다.

# 2-4 전 세계를 연결하는 시장

로버트 뉴워스

소금물이 흐르는 좁은 물길을 따라 여인은 엉성하게 만든 카누를 몬다. 노를 가볍게 저어가며, 간신히 파도를 피할 정도 높이에 지은 수상 판잣집들을 스쳐 지나간다. 배가 지나갈 때마다 누구인지 확인하려고 사람들이 집 밖으로 머리를 내민다. 여인이 배를 정박한 조그만 항구에서는 해안선 공사가 진행 중이다. 쓰레기를 압축해서 바다를 메꾸는 간척 공사다. 근처에서는 매립장에서 훔쳐온 자재 위에 지은 초가지붕 작업장에서 한 여인이 성냥에 불을 붙인 뒤, 발 앞에 놓인 나뭇조각과 톱밥에 불을 지핀다. 먼지가 가득 찬 공기 사이로 연기가 피어오른다.

이곳은 세계에서 악명 높은 도시 중에서도 가장 악명 높은 동네인 마코코다. 나이지리아의 경제적 수도 라고스는 현대 문명과 빈곤이 만들어내는 소용돌이의 한복판에 있다. 현금 자동지급기 몇백 대, 여기저기 보이는 인터넷 카페, 휴대전화 몇백만 대가 있는 이 번잡하고 정신없는 도시, 사람으로 가득한 인구 800만에서 1,700만(경계선을 어디로 볼지, 누가 세는지에 따라 달라진다)의 도시는 세계의 다른 곳과 완벽하게 연결되어 있다. 왕성한 기업 활동이 일어나는 국제무역의 중심지이자 아프리카에서 가장 인구가 많은 나라의 경제적 수도인 라고스에는 매년 60만 인구가 몰려든다. 그러나 라고스 대부분의 지역에, 심지어 가장 좋은 일부 동네에조차 상하수도와 전기가 없다. 일부는 육지, 일부는 호수에 자리 잡은 무허가 빈민촌 마코코는 이 대도시에서도 가장 빈곤한 지역이다.

이런 무허가 빈민촌은 전 세계에 존재한다. 리우데자네이루에 있는 600군데 파벨라(favela, 빈민촌)는 구아나바라 만 위쪽, 유명한 코파카바나와 이파네마 해안 옆 급경사 지역에 위치한다. 파벨라에는 리우데자네이루 인구 약 20퍼센트가 거주한다. 인도 뭄바이에는 조파드파티(jhopadpatti)라 불리는 수많은 빈민촌이 악취를 풍기는 마힘 강 주변에 늘어서서 레이 로 보행자 도로에 붙어 있는데 주요 철로에 거의 붙을 정도다. 뭄바이 인구 절반은 법적으로 자신의 땅이나 건물이 아닌 곳에 거주한다. 100만에 가까운 인구가 사는, 사하라 사막 이남에서 가장 큰 판자촌인 케냐 키베라는 나이로비 중심가와 아주 가깝지만 역시 전기도, 하수도도, 화장실도 없으며 식수는 정상가의 이십 배에 거래된다.

전 세계 인구 일곱 명 중 한 명꼴인 8~9억에 가까운 인구가 이런 곳에 살지만 어느 나라 정부든 애써 이를 외면해왔다. 그들은 불도저를 이용해 판자촌을 철거할 때를 제외하곤 마치 그런 곳이 존재하지 않는 것처럼 행동한다. 일례로, 몇십 년간 나이로비 시가 펴내는 공식 지적도에는 100년이 넘도록 이 도시 인구 5분의 1이 거주해온 키베라가 주거 지역이 아닌 숲으로 표시되어 있었다. 정부가 존재를 부인하고 아무런 도시시설을 제공하지 않는 상태인데도 이런 곳에서는 스스로의 필요에 의해 살 방법을 찾고, 자체적인 산업과 기업을 만들었다. 빈곤과 역경에 처해 있으나 이런 불법 공동체는 인류의 미래에서 용광로나 마찬가지다. 각국 정부는 이런 곳의 존재를 인정하고 주민들을 받아들여야 한다.

### 수상시장에서의 유통

마코코 같은 수상 빈민촌에서는 문을 열고 나선다고 해서 옆집이나 가게에 갈 수가 없다. 이런 곳에서는 보통의 도시와는 반대로 물건이 집으로 온다. 잔잔한 라고스 호의 물 위를 미끄러져 다니는 여인들은 마치 물 위에 떠다니는 거리의 시장이나 마찬가지다. 가리(garri, 발효시켜 구운 카사바 나무), 푸푸(fufu, 대개 마로 만드는 녹말), 빵, 쌀 등 생필품을 파는 사람도 있고, 음료수와 맥주를 파는 사람도 있다. 물론 빗자루 등 가정용품을 파는 사람도 있다.

이들이 타는 카누는 그 지역 사람들이 직접 나무를 손으로 깎아 만든 것으로 오염된 바닷물이 새어 들어오지 않는다. 집짓기도 마찬가지여서, 이 동네 집짓기 전문가들은 집 크기에 따라 빈약해 보이는 나뭇가지 몇 개를, 얼마나 깊이 물속에 박아야 할지 잘 안다. 작업은 아주 체계적이다. 하루에 몇 번씩 오가는 젊은이들에게 요청하면, 압축한 쓰레기 더미 위에 토사를 붓고 그 위에 기둥을 박아준다.

연기를 뿜어내며 불을 피우는 것도 엄연한 비즈니스다. 조심하지 않으면 동네 전체가 불길에 휩싸인다. 오군 다이로(Ogun Dairo)는 최근까지도 아무런 허가를 받지 않은 커다란 그릴 세 개에서 생선을 굽는다. 그녀는 직접 물고기를 잡지 않고 집 근처에 있는 냉동 저장소에서 산다. 구운 생선을 직접 팔지도 않는다. 생선의 꼬리와 주둥이를 고리 모양으로 엮어 훈제하는 동안 생선을 뒤집을 필요가 없게 만들고, 연기 속에 몇 시간 놓아두었다가 상자에 담는다. 이 상자들을 보통 하루 다섯 상자에서 일곱 상자씩 가져다 거리 곳곳을 누비는 여인들(거리에서 훈제 생선을 파는 사람은 언제나 여자들이다)에게 파는 사람은 따로 있다. 그녀는 "이윤이 크지는 않아요"라며 자영업을 하는 전 세계 누구라도 알아들을 만한 어휘를 써서 말했다. "매출이 얼마인가에 따라 이익이 정해지지요."

어디서 물고기를 잡아오느냐고 물으면서 호수가 너무 오염되어 강 상류나 바다에까지 나가서 잡아온다는 대답을 기대했다. 하지만 그녀의 대답은 전혀 의외였다. "유럽에서요." 북해에서 잡힌 물고기는 냉동되어 라고스로 운송된 후 근처의 가장 오염된 항구에 운반되어 훈제된다. 그러고는 이 대도시의 길가에서 한 마리당 몇 나이라(나이지리아의 화폐 단위) 이윤을 붙여 (미국 화폐로 몇 센트 정도에) 판매된다.

이런 사업은 정부에 등록되어 있지 않고, 허가를 받은 것도 아니며, 공식 고용 통계에 포함되지도 않는다. 정치적·경제적으로 지하에 숨어 있는 것이다. 이런 방식은 전 세계 어디서나 일반적이다. 오늘날 전 세계 절반 이상인, 18억에 이르는 근로자들이 비공식적 수입으로 살아간다. 게다가 이 숫자는 점점 늘어난다. 경제협력개발기구(OECD)는 2020년이면 전 세계 지하경제에 종사하는 근로자 수가 전체 근로자의 3분의 2를 넘을 것으로 보인다. 또한 향후 15년간 경제성장의 거의 절반은 개발도상국 도시 400군데에서 이루어질 것으로 예측된다. 도시의 중심축, 사실상 전 세계 도시의 중심축은 개발도상국으로 옮겨가는 중이며, 앞서의 예에서처럼 필요한 것을 자체적으로 해결하는 암시장과 자체적으로 구축한 도시환경은 도시의 미래에서 빼놓을 수 없는 부분이다.

## 자력갱생하는 빈민가 사람들

이는 정부 관리와 도시계획 전문가들에게는 끔찍한 이야기다. 이들은 정부의 통제를 받지 않는 구역이나 지하경제가 무질서하게 주변으로 퍼져나가면서 범죄 등 여러 문제를 일으키고 도시 전체가 쇠퇴하는 상황을 우려한다. 주민들 스스로도 인정하듯이 오염된 강 하구에 모여 살거나 상수도가 공급되지 않는 환경은 누가 봐도 21세기 기준에 맞지 않는다. 어둠이 내리기 시작할 때, 에라스투스 키오코(Erastus Kioko)는 키베라에 있는 그의 단칸방에서 이야기한다. "우리도 여기 살고 싶지 않아요. 돈이 있다면 이곳에 있지 않겠죠." 그는 진흙으로 아무렇게나 바른 벽을 바라보며 덧붙였다. "제게 미래가 있다고 생각하지 않아요."

그렇지만 사실 그로서는 힘들기는 해도 나이로비 다른 곳에서 사는 것보다 키베라에 있는 편이 낫다고 할 수 있다. 케냐 수도 나이로비에서 가장 저렴한 합법적 원룸 아파트에 살려면 키베라의 진흙집보다 적어도 네 배는 더 집세를 내야 한다. 안타깝지만 정부도, 어떤 업자도 키오코는 물론이고 키베라에 사는 누군가가 감당할 만한 수준의 집을 지을 계획이 없다(사실 전 세계 어디나 마찬가지다). 현실적으로, 무허가 판자촌에 사는 사람들은 자신들의 공동체가 굴러가도록 스스로 방법을 찾을 수밖에 없다.

선진국에선 대출을 받아 자재를 구입하고, 인력을 고용해서 손쉽게 집을 지을 수 있다. 무허가 빈민가에서는 상상도 하기 어려운 방법이다. 집을 짓고 고칠 때 이들이 저당 잡힐 수 있는 건 시간뿐이다. 뭄바이에서는 쓰레기 더미에서 찾아낸 광고판, 녹슨 담장 기둥, 주워온 벽돌, 깨어진 타일 등을 구해서 움막을 짓는 데 몇 년이 걸리기도 한다.

정부가 합법화하기를 거부하면, 이런 곳의 환경은 좀체 개선될 수 없다. 리우데자네이루 시가 1960년대 여러 군데 파벨라에서 벌인 진압 작전 때, 파벨라 주민들은 거주지에서 퇴거당하거나 집이 불타버릴 것을 우려했기에 집을 손보기를 주저했다. 대부분의 파벨라는 아주 원시적이어서 뭄바이나 나이로비의 나무 움막과 별다르지 않다. 정치가들이 적대적 감정을 내려놓고 대화를 시작하자 파벨라는 비로소 양지로 나올 수 있었다.

주민들은 오래된 판잣집을 기꺼이 그리고 아주 빠른 속도로 헐고 그 자리에 콘크리트와 벽돌로 다층집을 짓기 시작했다. 고양이라고 불리는, 한몫 잡을 생각인 업자들은 파벨라 주민들에게 시의 전력선에서 전기를 훔치는 방법을 알려주었다(지금도 전신주 꼭대기에 삐져나온 전선을 보면 이들의 솜씨를 알 수 있다). 1997년 전기 회사는 파벨라 주민들이 전기를 쓰고 싶어 하고, 전신주에서 전기를 훔쳐 쓴다는 사실을 눈치챘다. 오늘날 전기 회사들은 여러 군데 파벨라에 계량기를 설치하고 전기 사용료를 내는 조건으로 싼값에 계약을 했다.

이 시도는 아주 성공적이었다. 이들은 시의 상수도관에서 물을 빼돌리는 데 전기 펌프를 썼으므로 전기가 안정적으로 공급되자 주민들 건강 상태도 극적으로 개선되었다. 물론 물을 훔쳐 쓰긴 했지만, 이제 100만이 넘는 주민들이 안전하게 식수를 확보하게 되었다.

### 파라솔 노점

무허가 판자촌 주민들이 스스로 동네를 만들어간다면, 거리의 무허가 상인을 비롯한 다양한 업자들 역시 미래의 일자리를 만들어내는 중이라고 할 수 있다. 이 세상 어느 정부, 비영리단체, 다국적기업에도 지하경제가 만든 일자리 18억 개를 대체할 능력은 없다. 사실 대부분의 개발도상국은 향후 경제성장 가능성이 지하경제에 달린 실정이다. 라고스의 예를 보면, 노점은 길거리의 거대 사업으로 성장했다. 알라바(Alaba) 국제시장, 이케야(Ikeja) 컴퓨터 상가, 라피도(Lapido), 자동차 부품 및 기계업자 연합상가는 국제무역에 필요한 정교한 조직을 갖고 있다. 상인들은 이익이 남을 물건을 구하려고 먼 곳(요즘은 보통 중국)까지 가는 것도 마다하지 않는다. 이 나라에서 팔리는 대부분의 휴대폰, 가전제품, 자동차 부품을 이들이 수입하며, 이들의 사업 영역은 길거리 노점의 한계를 넘어선 지 오래다. 알라바 시장의 상인연합을 이끄는 레미 오니보(Remi Onyibo)와 선데이 이즈(Sunday Eze)에 따르면, 이 시장의 연간 매출액은 30억 달러에 이른다고 한다.

규모가 이 정도가 되자, 많은 기업들이 지하경제를 활용할 방안을 찾기 시작했다. 휴대폰 업계가 좋은 예다. 나이지리아 이동전화 시장은 MTN(남아프리카공화국), 자인(Zain, 쿠웨이트), 글로바컴(Globacom, 나이지리아에 있으며 서아프리카까지 대부분의 지역에서 영업) 등의 다국적 기업이 주도한다. 이런 대기업들은 주로 휴대폰용 선불카드를 판매해서 엄청난 돈을 벌어들이는데, 실제 판매는 거의 대부분 길거리에 파라솔을 펴놓은 수많은 노점에서 아무렇게나 이뤄진다. "이런 파라솔 노점은 굉장히 중요한 시장입니다." MTN의 나이지리아 기업 영업 담당 임원 어킨웨일 굿럭(Akinwale Goodluck)은 이야기한다. "아무리 큰 통신사라도 이들을 무시할 수 없을 정도입니다."

어느 파라솔 노점상 주인은 필자에게 장사가 아주 잘된다고 귀띔해주었다. 그녀는 처음에 34달러를 가지고 장사를 시작했는데 6개월 만에 사업이 육십 배나 커져, 이익이 한 달에 270달러로 정부가 정한 최저임금 다섯 배에 이르렀다. 그러나 장사가 잘된다 해도 통신사들은 자기네 선불카드를 팔아주는 그녀 같은 사람들과 거리를 두려고 한다. 통신사는 대리점에 카드를 판매하고, 파라솔 노점상들은 대리점에서 구입한 카드를 소비자에게 판매한다. 따라서 이들은 통신사와는 아무런 관련이 없는 독립된 사업자이며, 통신사는 이들이 판매한 카드에 아무런 책임이 없다고 주장한다. 그러고 나서 라고스 시는 노점상을 단속하기 시작했다. 이로 인해 파라솔 노점상들이 장사를 하기가 어려워졌다. 이런 단속은 정부 추산만으로도 라고스 시 근로자 70~80퍼센트 정도가 지하경제와 관련이 있다는 사실을 고려하면 징벌적이고 비생산적인 조치로 보인다.

하지만 지하경제는 계속 성장 중이다. 뭄바이에서 가장 큰 무허가 빈민촌이었던 다라비는 국제무역과 직접 연결되어 있다. 이곳에서는 잘 지은 여러 공장에서 가죽 가방과 셔츠를 만들어 전 세계에 판매한다. 케냐가 국제시장과 직접 연결되지는 못했지만, 키베라 주민들은 이미 많은 소규모 사업을 성공적으로 운영 중이다. 이 동네의 진흙길 양 옆에는 상점, 바, 미용실, 제과점, 찻집, 교회(엄연히 사업이다)가 늘어서 있고, 일부 주민은 시내에서 사업을 하기도 한다. 이들은 사회적으로나 경제적으로 혁신적이다. 게다가 이제껏 독립된 경제력을 가질 기회가 전혀 없었던 여성들이 대부분의 성공적인 사업을 운영한다는 점도 특기할 만하다.

### 음지에서 양지로

지하경제건 무허가 빈민촌이건, 비공식적인 부분에 대해서는 일반적으로 이들이 벌이는 사업이 범죄와 연관되어 있고 사회의 적이라는 인식이 있다. 법률적으로 자신의 땅이 아닌 곳을 점거한다는 점을 제외하면 무허가 빈민촌 주민들은 거의가 법을 준수하는 사람들이다. 마찬가지로 이들이 세금을 내지는 않지만, 지하경제 종사자들 대부분은 사회적으로 생산적인 사람들이다.

사실 지하경제에 대한 가장 큰 오해는 선진국에는 지하경제가 존재하지 않는다는 생각이다. 역사적으로는 세계의 주요 대도시 모두에 실제로 무허가 빈민촌이 있었다. 유럽의 수도 대부분은 한때 대규모 빈민 주거지로 둘러싸여 있었다. 150년 전, 샌프란시스코는 무허가 건물 몇천 채를 합법화하면서 한적한 어촌에서 골드러시의 중심 도시로 변신했다. 뉴욕에서도, 어퍼이스트사이드와 어퍼웨스트사이드는 대부분의 브루클린 지역처럼 처음엔 무허가촌이었다. 사실, 뉴욕 미드타운 맨해튼의 마지막 무허가촌이던 웨스트 62번가(지금의 센트럴파크와 링컨센터 사이)의 썬큰빌리지는 1904년에 이르러서야 철거되었다. 선진국에서는 일반적으로 지하경제를 마약 거래 같은 범죄와 연관 지어 바라보지만, 대부분의 무허가 사업자들은 현장에서 현금을 받는 공사장에서 일하거나 길거리 음식 판매, 온라인으로 돈이 오가는 의류 판매 등의 평범한 업종에 종사한다.

이런 오해 때문에, 정책 입안자들은 합법이나 불법, 생산적이거나 비생산적, 선이나 악 등 엄격한 기준에 기대어 가장 단순한 해결책을 내놓기 쉽다. 이런 이분법적 사고는 전 세계 10억 이상 되는 사람들의 생존을 위협할뿐더러 세계 경제성장에 장애물을 만들어놓는 셈이다. 합법과 불법을 명쾌하게 판단하기 어려운 영역이 있다는 점과 더불어, 시장이 기능을 발휘하는 방법에는 여러 가지가 존재할 수 있다는 사실을 인정할 필요가 있다.

위스콘신주립대학교 도시계획과 교수 알폰소 모랄레스(Alfonso Morales)의 제안도 그중 하나다. 대학원을 마칠 때까지 시카고의 노점에서 일했던 모랄레스는 전 세계 도시 당국이 노점에게 상당한 액수의 수수료를 받고, 대신 세금을 부과하지 않는 조건으로 영업 허가를 내줄 것을 제안한다. 오늘날의 현실에서 노점상들은 영업할 때마다 어디서나 단속에 신경을 써야 한다. 모랄레스는 만약 노점상들이 영업 허가를 받을 수 있다면 경찰을 의식할 필요가 없으므로 기꺼이 이 비용을 감내할 거라고 지적한다. 그럼으로써 생각지도 못할 수준으로 상당한 금액의 수입이 발생하는 시 당국으로서도 당연히 이익이 되는 제안이다. 물론 이것이 완벽한 해결책은 아니고, 노점에서의 음식 판매 같은 경우에는 위생 관련 규제 등 다른 법규의 적용도 받아야 한다. 하지만 이는 노점이 범죄에 연결되지 않고 양지로 나오는 중요한 첫걸음이 될 것이다. 모랄레스는 이야기한다. "단속이 만능이라는 생각을 버리고, 함께 과실을 나누도록 파이를 키우려는 쪽으로 생각을 바꿔야 합니다."

하버드대학교 행정대학원 강사이면서 '비정규 근로 여성 : 세계화와 조직화(Women in Informal Employment : Globalizing and Organizing, WIEGO)'라는 연구단체에서 간사로 일했던 마르타 첸(Martha Chen)은 이렇게 말한다. "거리에서 영업하는 사람들이 소매점이나 대형 쇼핑센터와 공존하는 방법을 찾아야 합니다. 지하경제는 문제가 아니라 해결책의 일부예요. 거리의 상인, 쓰레기를 뒤지는 사람들, 시장의 여인들 모두가 경제와 자신이 사는 도시에 기여합니다. 어떻게 하면 이들에게도 공간을 제공할 수 있을까요? 지하경제를 다루려면 어떻게 해야 더 생산적이고, 효율적이고, 효과적이 될지를 고민해야 합니다."

사실 각국 정부들이 집과 소득을 숨기려는 사람들을 상대로 그다지 효과적으로 대처한 사례가 거의 없다. 인도 정부를 예로 들면, 장관들로 구성된 지하경제 대책위원회가 있지만 이들은 각 도시에서 경찰이 무허가 빈민촌 주민들과 노점상들을 몰아내는 일을 막지 않았다. 오히려 당사자들이 찾아내는 방법이 해결의 실마리가 된다. 주민과 노점상들은 스스로 협력을 위한 제도를 만들었다. 뭄바이 빈민촌과 노점의 여인들은 적금 계와 보험을 만들었다. 파벨라에는 서로 노동력을 품앗이해서 집을 짓는 무티로스(mutiroes, 협동 건설 조직)에 가입하는 가정이 흔하다. 키베라에서는 여성들이 공동 출자한 돈을 매주 한 명에게 지급하는 '회전목마' 방식을 이용해 많은 여성들이 사업을 확장하고 재정적으로 독립하도록 한다. 라고스의 모든 지하시장에는 자체 운영위원회가 있어서 분쟁을 조정한다.

정부로서는 이런 자생적 조직이 오히려 기회를 제공하는 존재다. 규약을 잘 만들면 무티로스가 협동 건설 회사 형태로 성장할 수 있고, 회전목마 방식의 저축이나 자금 형성 방식은 신용조합이나 마이크로 크레딧(소액 대출)으로 진화할 수 있다. 또한 시장의 운영위원회가 기반시설 투자에 참여해서 쓰레기 수거나 거리 청소 등 필요한 공공서비스를 직접 제공하는 방법도 생각할 수 있다. 사소해 보이는 일들이지만, 이런 것들이 누적되면 그 영향은 적지 않다. 설령 이런 조직들이 아주 영세한 규모에 머무른다 해도, 더욱 체계화되고 오래 존속할수록 정부와 협력하기가 쉬워진다. 반대로, 정부는 이들과 직접 협력할 때만이 그동안 도시에서 가장 무시당하고 비난받던 부분을 도시의 성장에 포함할 수 있다. 위로부터의 정책과 아래로부터의 행동이 함께해야만 무허가 빈민촌과 거리의 상인들이 가장 빠르게 성장하는 도시들을 미래로 이끌 수 있다.

# 3

# 기후 변화에 맞서서

# 3-1 도시가 기후 변화에 맞서는 방법

데이비드 비엘로

뉴욕 시…, 기후 변화가 도시를 멈추는 모습을 보고 싶다면 이곳을 보면 된다. 2007년 8월 8일 아침, 폭풍으로 인해 미국에서 가장 큰 철도 시스템, 바로 뉴욕 지하철이 한창 출근시간일 때 멈춰 섰다. 갑자기 불어난 물이 7,000킬로그램이 넘는 모래와 쓰레기를, 연간 15억 명을 실어 나르는 총연장 1,350킬로미터에 이르는 철로에 가져다놓았다. 1992년 12월에도 폭풍 때문에 유사한 일이 벌어져서 맨해튼 남쪽 지역과 이스트리버 드라이브 지역이 물에 잠겼다.

과학자들은 기후 변화로 인해서 바로 이런 강력한 폭풍우가 자주 일어날 것을 예측했다. NASA에서 기후 연구를 담당하는 신시아 로젠츠바이크(Cynthia Rosenzweig)가 공동 위원장으로 있는 뉴욕 시 기후변화위원회(New York City Panel on Climate Change, NPCC)는 실제로 뉴욕 시 연간 평균 강수량이 2080년까지 5~10퍼센트 정도 늘어날 것으로 예측하는데, 강수량 증가분 대부분은 짧은 기간에 내리는 집중호우 때문일 것으로 본다.

위원회는 또한 평균기온도 현재의 섭씨 13도에서 2100년에는 섭씨 2~4도 올라갈 것으로 예상한다. 뉴욕 시 장기계획과 지속 가능성 부서의 책임자 아담 프리드(Adam Freed)는 말한다. "날씨가 더워지면 지하철 시스템의 더운 공기를 밖으로 배출하는 배기 장치를 갖춰야 합니다." 그러면서 다음과 같이 덧붙인다. "도시가 난로가 되면 홍수 위험도 증가합니다."

이런 문제에는 시 당국을 비롯한 어느 누구도 대처하기가 쉽지 않다. 뉴욕 지하철 같은 시설을 대대적으로 개조하는 것은 몇십 년이나 걸리는 일이다. 지금까지 시 당국은 그 대책의 일환으로 '뉴욕 100만 그루 가로수' 계획에 따라 32만 2,000그루 이상 나무를 심고, 택시의 25퍼센트를 하이브리드 엔진같이 연료 효율이 높은 차량으로 교체했다.

또한 시 북부 수자원 공급 유역에 1만 1,500헥타르가 넘는 땅을 구입해서, 기후 변화로 인한 가뭄이나 예상치 못한 호우 발생으로 인한 식수 공급 부족에 대비하고 있다. 당국은 이 지역 지하수가 오염될 가능성을 우려해서 천연가스 개발을 막으려 노력한다.

물론 기후 변화에 대비하는 도시가 뉴욕만은 아니다. 시카고 시는 빌딩의 에너지 소비를 줄이려는 목적으로 옥상에 조성된 정원인 녹색 옥상(green roofs)을 권장한다. 녹색 옥상은 열섬현상을 감소시켜 사망자 700명을 발생시켰던 것 같은 1995년의 치명적 폭염 사태를 방지하는 데 도움을 준다. 워싱턴 주 시애틀 시 권역의 일부인 킹 카운티에서는 2050년의 온실가스 배출량을 2007년 수준인 80퍼센트로 낮추겠다는 목표를 세웠다. 해외에서도 런던 시가 테임즈 강의 높아지는 수위를 막는 둑을 건설하고, 작은 도시이긴 하지만 중국 르자오 시가 탄소 중립성을 확보하려 애쓰는 등 다양한 노력이 이루어진다.

## 3-1

### 태양열이 해법이 될까?

하루 24시간 쉬지 않고 움직이는 도시의 전체 옥상 면적은 대략 1억 5,000만 제곱킬로미터에 이른다. 대부분의 건물 옥상에는 검은색 타르를 칠해놓아서 여름에는 햇볕을 받아 뜨거워지고, 겨울에는 갈라지며, 기후 변화를 일으키는 원인 가운데 하나인 이른바 도시의 열섬현상에도 영향을 미치는 것으로 알려져 있다. 마이클 블룸버그 뉴욕 시장은 미래에 대비하려는 목적으로 세 군데 '태양열 활용구역'을 지정했다.

브루클린 시가지, 그린포인트 주변, 스테이튼 섬 동부해안. 이 세 구역이 선정된 이유는 이곳에 있는 건물들의 옥상 면적이 넓고, 낮 동안 전기 사용 비중이 높아 옥상에 설치된 태양전지판에서 전기를 많이 생산할 수 있기 때문이다. 브루클린 코니아일랜드에 있는 열차 정비소에서는 지하철 객차를 세차하는 데 사용하는 물을 태양열을 이용해서 덥힌다.

프리드는 말한다. "시의 어느 부분에서 절감이 가능할지 생각하는 데서 시작되었습니다. 비용이 많이 드는 시설부터 살펴보았습니다. 그 결과 탄력성 있는 대응이 증가했습니다."

뉴욕 시에서 태양열을 사용하려는 노력은 가로수 심기 운동, 고효율 택시, 수원지 확보 노력과 더불어, 2030년까지 기후 변화를 포함하는 다양한 위협에 대처하는 PlaNYC라고 불리는 활동의 일부다.

2007년 4월 22일 시 당국은 PlaNYC 활동의 일부로 전문가로 구성된 위원회를 출범시켜 기후 변화에 따른 위험성을 평가하도록 했다. 보고서에서 가장 큰 위협으로 지목된 것은 2003년의 대정전 사태 같은 전력망 마비, 상수도 수질 저하 같은 기반시설 마비였다.

블룸버그 시장과 PlaNYC 고문인 컬럼비아대학교 지구연구소(The Earth Institute) 소장 스티븐 코헨(Steven Cohen)은 말한다. "뉴욕의 기반시설은 기후 변화의 영향에 대비해서 정비될 수 있습니다. 문제는 '실제로 뭘 할 수 있을까?'입니다."

### 전력 수요 감소를 위해 노력하기

기후 변화의 원인이 되는 온실가스 배출을 줄이려는 노력도 뉴욕 시의 PlaNYC 전략 가운데 일부다. 하지만 이는 균형을 잘 잡을 필요가 있는 일이다. 뉴욕 주에서는 풍부한 천연가스가 매장된 마셀러스 셰일 지대가 발견되었다. 천연가스를 이용해서 발전을 하면 석탄을 이용하는 경우에 비해서 기후 변화의 주요인인 이산화탄소 배출량을 40퍼센트 줄일 수 있다. 그런데 이와 동시에 천연가스 채굴이 뉴욕 시 상수도 공급에 문제를 일으킬 수 있다.

이 지역 유일의 저탄소 배출 발전시설인 인디언 포인트 원자력발전소는 단일시설로는 뉴욕 시에서 소비되는 전기 중 가장 많은 양을 담당한다. 이곳이 지역 주민들의 강한 반대와 맞닥뜨렸으며, 냉각수 사용 방법에 따라 폐쇄될 가능성도 있다. 이 발전소가 가동되건, 그렇지 않건 간에(뉴욕 주에서 생산되는 천연가스도 마찬가지다) 뉴욕 시는 2030년까지 2007년보다 이산화탄소 배출량을 30퍼센트 낮추기를 바라고 있다. 시 당국은 내심 2017년까지 목표를 달성하고 싶어 한다.

옥상에서의 태양열 발전처럼 분산 발전으로의 전환도 도움이 될 것이다. 하지만 더 중요한 것은, 도시 전체의 전력 수요를 줄이려는 노력이다. "맨해튼에는 1제곱마일당 2,500메가와트의 전력 수요가 있습니다." 콘솔리데이티드에디슨 전력 회사(Consolidated Edison)의 엔지니어 레자 가푸리언(Reza Ghafurian)은 지능형 전력망 행사에서 지적한다. 시 당국은 새로운 에너지 효율 제도의 도입과 적용을 통한 전력 수요 감소를 기대한다.

프리드는 사실상 2030년의 기후 변화와 맞닥뜨릴 건물 85퍼센트가 이미 지어진 상태라고 이야기하면서 덧붙였다. "도시의 온실가스 배출 가운데 75퍼센트는 건물에서 비롯됩니다." 이는 새로 짓는 건물을 초(超)환경 친화적으로 만들기보다 기존 빌딩과 아파트 창틀을 단열이 잘되는 것으로 교체하고 유리창을 교체하는 것이 훨씬 더 중요한 일이라는 의미다. 지구연구소 코헨 소장의 이야기를 들어보자. "인구는 증가하는데 에너지 소비가 늘지 않는다면 아주 긍정적 신호겠지요…. 뉴욕 시는 이미 미국에서 가장 에너지 효율이 높은 곳이지만, 아직도 개선의 여지가 있다고 봅니다."

그가 말을 이었다. "필요한 변화는 선택적으로 적용할 대상이 아니라 법률과 규격에 포함해야만 합니다." 그에 따르면 적응력을 확보하는 것이 기후 변화에 대비하는 핵심이다. 도시가 몰아치는 눈 폭풍을 멈추려는 것이 아니라 그 이후에 대비하는 것처럼, 뉴욕 시도 폭염이나 홍수 같은 기상이변이 올 때 어떻게 할지 고려해야 한다는 이야기다.

### 기후 변화의 영향

다른 도시들이 기후 변화 대책을 마련하는 데 비해, 정확하다고 하긴 어려워도 새로운 과학적 모형을 이용해서 기후 변화의 영향을 약간이나마 추정하는 곳은 뉴욕 시가 유일한 실정이다. 추정이 불확실한 까닭은, 기후 변화의 영향을 표현하는 모형은 지구 전체를 작은 구역으로 나누어 분석을 행하는데, 여기에 사용되는 구역의 크기가 개별 도시보다 더 크기 때문이다. 그렇긴 해도 뉴욕 시 기후변화위원회는 기온과 강수량 변화 예측에 더해서, 2100년까지 해수면 높이가 적어도 30센티미터(최대 140센티미터) 상승할 것으로 본다.

코헨은 뉴욕이 적어도 965킬로미터의 해안선을 갖고 있으며 평균 고도가 해발 5미터에 불과한 '해안도시'라는 사실을 상기하게 해주었다. 발전소에서 항구의 쓰레기 하역장에 이르기까지 뉴욕의 핵심 기반시설 대부분은 해수면 높이에 있다. 프리드는 이야기한다. "해안에 위치한 기반시설의 적절한 운영 방법을 찾아야 하고, 찾을 수 있습니다."

뉴욕 시 40개 부처를 포함한 여러 관련 주체로 구성된 팀이 해수면 상승과 여타 기후 변화가 뉴욕 시에 미칠 영향을 평가 중이며, 특히 향후의 개선을 염두에 두고 수도 공급 등 핵심 기반시설을 집중적으로 살펴본다. 코헨은 말한다. "기반시설에는 지속적 투자가 필요하고, 취약성과 신기술에 대해서도 항상 고려해야 합니다. 기후 변화에 대한 우려 덕분에 가능한 거죠."

이미 퀸스의 로커웨이즈에 있는 홍수에 취약한 하수처리장에서 발전기 설치 높이를 위로 하고 수문을 설치하는 등의 노력이 시작되었다. 프리드는 설명한다. “홍수 뒤에 물이 빠질 때 스위치를 올려서 잠시만 가동을 멈추는 겁니다.”

뉴욕 시 기후변화위원회는 모든 기반시설에 이런 식의 대응책을 요구한다. 2009년 12월에 발간된 보고서에서 위원회는 기후 변화에 대한 효과적 대응이 “기후 변화의 위험 평가, 적응 전략 평가, 지속적 감시를 바탕으로 세월이 지남에 따라 진화하는 전략”을 가능하게 한다고 지적했다.

물론 가장 적절한 대응은 지속적 기후 변화에 따라 정치적·실질적 면 모두에서 계속 계획을 수정하는 것이다. 프리드는 지적한다. “기후 변화에 완벽하게 대응하는 도시를 만들 방법은 없어요. 하지만 오늘날 생각하기에 타당한 방식은 기후가 변화함에 따라 점점 더 효과가 있을 겁니다.”

# 3-2 환경 도시로 변모하는 시카고

조쉬 보크

시카고 중심가 미시간 애비뉴를 걸으면서 받는 인상으로만 판단한다면 아마 시카고에서는 환경주의자가 환영받지 못하리라 짐작할 수도 있다. 이들은 "지구를 살리는 데 1분만 동참해주지 않겠습니까?"라는 문구가 적힌 밝은 색 티셔츠를 입고 인파 사이를 이리저리 오가며 행인들의 주의를 끌려고 애쓴다.

20달러를 기부하는 사람은 고사하고, 행인들 거의가 이들을 무시한다. 사람들 대부분은 이들을 쏘아보고, 무시하는 손짓을 하면서 걸음을 재촉한다. 전설적 갱 알 카포네로 유명한 이 도시에서, 선행을 홍보하는 행위는 일반 시민을 체포하는 일만큼이나 어색한 일이다. 비록 좋은 의도의 행동으로 기후 변화를 멈출 수 있다는 생각에 280만 시카고 시민이 비웃음을 보낸다고 해도, 이것이 시민들이 기후 변화를 해결할 수 없는 문제라고 생각한다는 의미는 아니다. 시의 지도층 인사들은 환경을 구하는 일에 시민들 관심을 끌려면 시민의 양심에 호소하기보다는 경제적 접근을 해야 한다는 사실을 안다. 그리고 실제로 이를 행동에 옮긴다.

2008년 9월, 시카고 시는 이산화탄소 배출량을 2020년까지 1990년보다 25퍼센트, 2050년까지 80퍼센트 줄이기 위한 방침을 발표했다. 최대 40만 가구나 되는 가정과 9,200개 고층 건물, 공장들이 향후 12년간 에너지 효율을 높이도록 크고 작게 손을 봐야 한다. 일리노이 주에 있는 스물한 군데 석탄 화력발전소도 모두 마찬가지다. 추가적으로 기존보다 30퍼센트 증가한 수치인 45만 명의 시민들이 자동차 대신 매일 버스나 전철을 이용해서 통근해야 한다. 천연자원보호협회(Natural Resources Defense Council)의 수석 에너지 담당 위원인 레베카 스탠피(Rebecca Stanfi)는 말한다. "이 정도로 강력하고 광범위한 대책을 시행하는 도시가 또 있는지 모르겠습니다."

시기적으로 볼 때 아주 적절한 정책이다. 미국 정부가 배출가스 총량 규제에 관한 국제 협약을 거부했기 때문에 개별 주와 도시 스스로 기후 문제에 대처해야 하는 상황이 되었고, 시카고보다 앞선 곳이 이미 여러 군데다. 오리건 주 포틀랜드 시는 대중교통 이용을 확대하고 전력의 10퍼센트를 수력과 풍력에서 얻는 등의 방법으로 이미 1인당 온실가스 배출량을 1990년 수준보다 12.5퍼센트나 낮추었다. 시애틀 시의 배출량은 1990년 수준보다 8퍼센트 낮은데, 2009년 도심과 지역 공항을 잇는 경전철이 개통하면 더 내려갈 것이다. 2년 전 캘리포니아 주지사 아널드 슈워제네거(Arnold Schwarzenegger)는 연료 효율을 높이고 쓰레기 매립지에서 메탄가스를 포집해서 사용하는 등의 방법을 이용해서 2020년까지 캘리포니아 주의 온실가스 배출량을 1990년 수준으로 낮추자고 주장한 바 있다.

하지만 이런 곳들에는 시카고에 있는 오래된 철강소나 대규모 축사가 없다. 환경보호단체의 자료에 따르면 시카고 지역 기업들이 배출하는 화학물질로 인해서 시카고는 미국에서 가장 공기가 나쁜 곳이 되었다. 일리노이 주에 풍부한 석탄을 기반으로 한 유산을 물려받지 않은, 최근에 만들어진 도시들은 환경운동에 목소리를 높이기가 쉽다. "서로 다른 지역에 있는 도시들을 같은 잣대로 비교하는 건 말이 안 됩니다." 퓨 글로벌 기후변화센터(Pew Center on Global Climate Change)의 정책 조정관 패트 호건(Pat Hogan)은 지적한다. "기본적으로 시애틀이나 포틀랜드 같은 곳은 수력이 풍부하기 때문에 탄소 중립성을 손쉽게 확보할 수 있어요." 기후가 온화한 태평양 연안의 도시와 달리 겨울이 매우 춥고, 여름은 무더운 시카고에서는 냉난방 기기가 없는 상황을 상상조차 할 수 없다.

이러한 모든 이유 덕분에 시카고는 기후 변화에 대응하는 좋은 사례가 된다. 사실 대부분의 미국 도시들은 시카고와 비슷한 처지다. 기반시설은 노후했고, 공장들은 거대하고, 전력망은 낡았다. 그리고 화석연료를 강력히 지지하는 유권자들은 야외에 나가 등산을 즐기기보다는 집에서 TV 시청을 즐기는 경우가 더 많다. 시카고가 온실가스 배출을 줄일 수 있다면 다른 모든 도시도 가능할 것이다.

### 시카고 환경 업무에 헌신하는 기린아

사두 존스턴(Sadhu Johnston)은 재활용 종이에 컬러로 인쇄된 60여 쪽의 〈시카고 기후 액션플랜(Chicago Climate Action Plan)〉의 내용을 현실에서 지휘하는 일을 맡고 있다. 언뜻 보면 대학생으로 생각될 정도로 젊어 보이는 존스턴은 34세의 나이로 시카고 시 환경 업무를 총괄한다. 그의 이름은 산스크리트어에 기원을 둔 것으로, 신의 뜻을 따르기 위해 사회 밖에서 살아가는 힌두인들을 뜻한다. 그는 뒤죽박죽인 시카고 정치판에서 가장 신에 가까운 일을 한다고 할 수 있다. '종신 시장'이던 리처드 J. 데일리(Richard J. Daley)의* 맏아들이자 전 시장이던 리처드 M. 데일리(Richard M. Daley)가** 취임하던 1989년은 존스턴이 운전면허 응시 자격을 갖기보다도 1년 전이었다.

리처드 데일리 시장은 클리블랜드 녹색빌딩연합(Cleveland Green Building Coalition)에서 일하던 존스턴을 데려왔는데, 이는 시카고에서 업튼 싱클레어(Upton Sinclair)가 쓴 《정글(The Jungle)》의*** 도살장 노동자들, 그리고 1919년의 검은 양말 스캔들(Black Sox Scandle)의**** 이미지를 지우고 시카고를 녹색경제의 중심지로 자리 잡게 하려는 의도였다. 새롭게 변신한 시카고에는 대체에너지 제조사들이 몰려오고 일자리 몇천 개가 만들어질 것이다. 이 바람이 많이 부는 도시에는 이미 풍력발전 설비 제조 기업의 본사가 일곱 개나 자리 잡고 있다. 가장 큰 회사인 수즐론 윈드 에너지사(Suzlon Wind Energy)는 인도 기업으로, 2005년에 시카고에 진출했다.

존스턴과 데일리는 시카고를 이미 어느 정도 환경 친화적으로 변모시켰다. 자전거 전용차로는 120마일에 이른다. 이산화탄소를 흡수하고 옥상에서 흘러내리는 빗물 양을 줄이도록 400개 빌딩 소유주들에게 옥상에서 식물을 재배

*1955년부터 직무 중 사망하던 1976년까지 시카고 시장을 여섯 번 연임했다.

**여섯 번 연임함으로써 아버지보다 더 오래 시장직을 맡았다.

***시카고의 도살장에 취직한 이민자가 자본주의에 착취되며 사회주의자가 되어가는 내용을 그린 소설. 싱클레어 자신도 열렬한 사회주의운동가였다.

****시카고 야구팀 화이트삭스(White Sox)가 선수들의 승부 조작으로 월드 시리즈에서 고의로 패배한 사건.

하도록 권장했고, 산업체에서 배출되는 폐플라스틱과 화학약품을 다른 기업에서 원료로 쓰도록 하는 '쓰레기에서 이익을'이라는 체계도 구축했다.

그러나 기후 변화에 대처한다는 면에서 볼 때 이 정도로는 매우 부족하다. 시카고에서는 2008년에만 온실가스 3,700만 톤이 배출될 것으로 보인다. 계획대로 6,000개 빌딩 옥상이 정원으로 바뀐다고 해도 감축되는 온실가스 양은 17만 톤에 불과하다. 자전거 도로를 500마일 만들어도 겨우 1만 톤이 줄어들 뿐이다. 이런 종류의 대책에서 거둔 효과를 모두 합해도 전체 배출량의 0.5퍼센트를 줄이는 데 불과한 실정이다.

데일리 시장은 실질적 효과를 거두기 위해, 빌딩 1만 8,000채를 파괴하고 이재민 10만 명을 만들어낸 1871년의 대화재 이후의 재건에 비견되는 계획에 착수했다. 존스턴은 비영리단체 및 에너지 기업 임원들과 함께 2020년까지 온실가스 총배출량을 1,500만 톤 감축하는 계획을 입안했다. 이 계획에는 아무런 강제 조항이 들어 있지 않다. 단지 민간 분야에서의 적극적 행동에 초점을 맞출 뿐이다.

감축량 3분의 1은 기존 건물을 에너지 효율이 높아지도록 개조하는 데서 얻는다. 또 다른 3분의 1은 기존 발전소의 오염 방지 기술 개선과, 2025년까지 전체 전력 25퍼센트를 재생 가능 에너지에서 만들어내야 한다는 주 법률을 통해 달성한다. 나머지 3분의 1 중 20퍼센트 이상은 대중교통 개선에서, 그 나머지는 공장의 오염물 배출 감소와 수소불화탄소(HFC)를 사용하는 구형 냉장고와 에어컨의 교체에서 얻는다.

3-2

## 자발적 참여의 필요성

시카고 환경단체에서 공공연하게 이 계획을 비판하는 사람을 찾아보긴 힘들다. 이 계획의 지지자들은 이것이 충분히 실현 가능하다고 주장하지만, 과거의 경험을 보면 확신하기 어렵다. 데일리 시장은 시 당국의 온실가스 배출량을 2003년부터 매년 1퍼센트씩 줄이겠다고 약속한 바 있다. 그러나 《시카고 트리뷴(Chicago Tribune)》지가 입수한 자료에 따르면 시카고 시 당국의 2006년 배출량은 2003년보다 7만 톤이나 많았다. 존스턴은 시카고 시가 처음 몇 년간 목표를 달성했고, 평균적으로 보면 연간 1퍼센트씩 감소한 셈이라고 주장한다. 그는 단호한 태도를 보인다. 그는 현재 시카고 시가 목표를 달성하고 있다고 지적하며, 불평을 토로했다. "가끔 언론이 시 당국이 하는 일에 무조건적 비판이나 냉소를 가하려 한다는 생각을 지우기 힘듭니다."

환경주의자들은 이 계획에 시카고의 가장 큰 대기오염원을 명시하지 않은 데 대해 불만이다. 시 행정구역 내에 위치한, 거의 반세기가 된 크로포드와 피스크 석탄 화력발전소는 매년 이산화탄소 480만 톤을 배출하는데, 이는 감축 목표량 3분의 1에 달한다. 사실 시카고 시가 나이트로젠과 황산화물 배출 장치의 설치를 강제화하면 이 두 곳의 경제성이 없어지고, 이 발전소들을 실질적으로 폐쇄할 수가 있다. 그러나 일부에서는 그러한 규정의 법적 타당성에 의문을 제기한다. 그래서 두 곳의 발전소에서 단지 시설 개선만을 가정하는 계획을 세웠으며 실제로 소유주인 미드웨스트제너레이션사(Midwest Generation)와의 협상이 쉽지 않을 것이므로 계획대로 될 가능성이 상당히 높다. 오헤어 공항과 미드웨이 공항에서의 배출량도 손대지 않았다. 이는 공항의 활성화가 매우 중요한 대도시들에 보편적인 현상이다.

데일리 시장이 할 수 있는 일에도 한계가 있다. 이산화탄소 발생량을 줄이려는 계획의 많은 부분은 시 당국이 직접적 영향을 미칠 수 없는 영역이다. 예를 들면 시카고 교통국(Chicago Transit Authority, CTA)가 버스와 철도 노선을 확충하면 온실가스 83만 톤이 감축되지만, 일리노이 주와 연방 정부에서 이에 필요한 자금 지원을 받을 수 있을지는 분명치 않다. "계획의 일부는 권한 밖의 일입니다." 시카고에 있는 환경법률 및 정책센터(Environmental Law and Policy Center) 소장 하워드 러너(Howard Learner)는 이야기한다. "시 당국이 압력을 넣거나 앞장설 수도 있고, 열심히 설득을 할 수도 있습니다. 일부 자금을 제공하겠다는 곳도 확보할 수 있긴 합니다. 하지만 시가 연방 정부나 주 정부에 공항을 옮기라고 지시할 수는 없으니까요."

기본적으로, 전체적 성공 여부는 시카고 시가 법을 이용한 강제적 참여가 아닌 주민들의 자발적 참여를 이끌어내느냐에 달렸다. 2020년까지의 목표를 달성하려면 상업용 건물과 주택 소유주 40퍼센트가 계획에 참여해야 하는데 이는 데일리 시장이 2007년 재선될 때 얻은 표보다 훨씬 많은 수치다.

### 실용주의에 대한 확신

데일리 시장과 존스턴은 시카고 주민들이 이런 이타적 오염 예방계획에 의문을 품을 것이라는 점을 잘 알았다. 유권자들은 더욱 확실한 정보를 원한다. 그리하여 시 당국은 기후 변화 대응계획을 시행하면서 시카고에서 오염을 일으키는 원인에 대해 철저한 분석과 정밀한 측정을 실시했다. 결과는 놀라웠다.

조사팀은 GPS와 위성사진을 이용해서 가장 온도가 높은 동네와 온실가스를 가장 많이 배출하는 동네가 어디인지를 파악했다. 시카고 시의 적외선 사진을 보면, 단열이 부실한 건물과 부족한 녹지 때문에 온도가 높은 곳이 이곳저곳 산재해 있었다. 이 사진을 가로수가 표시된 지도, 홍수에 취약한 지역을 나타내는 지도와 합쳐 분석했다. 그 결과, 온실가스를 가장 많이 배출하는 지역이 가장 큰 영향을 끼친다는 사실이 드러났다.

또한 막대한 양의 온실가스가 사우스사이드 주변 철도 기지에서 발생한다는 사실도 밝혀냈다. 왜 그럴까? 미국 철도 교통량 3분의 1은 시카고를 통과하고 이곳에서 철도와 도로가 교차하므로, 여기서 발생하는 정체 때문에 전철과 디젤 화물열차들이 길면 며칠씩 서 있는 경우도 있었다. 계획안에는 "기차가 시카고를 통과하는 데 걸리는 시간은 기차로 시카고에서 로스앤젤레스까지 가는 시간과 비슷하다"고 적혀 있다. 병목현상을 해결하기 위해 기업, 연방정부, 주 정부, 시 정부가 별도로 맺은 15억 달러짜리 계획이 완료되면 온실가스 배출이 연간 160만 톤 감소할 것이다.

존스턴이 작성한 지도에 따르면 건물에서 방출되는 온실가스가 전체의 70퍼센트에 이른다. 단지 21퍼센트만이 자동차에서 배출되므로, 자동차가 오염의 주범이라는 통념은 뒤엎었다. 하지만 버스, 쓰레기 수거 트럭, 택시, 화물차들을 더욱 연료 효율이 좋은 차량으로 교체하면 이산화탄소 발생량을 21만 톤 줄일 수 있다.

존스턴은 지적한다. "미국의 도시와 여러 사업에서 일반적 실수가 나타납니다. 오염물질 배출이 어디서 일어나는지 파악하지 않고 목표와 계획을 세운다는 점입니다. 원인을 파악하지 않은 상태에서 체계적 계획을 세울 순 없어요."

계획의 핵심은 보통 사람들의 행동양식에 깊게 자리 잡은 실용주의에 대한 확신이다. 몇십 년 전 경제학 분야에서 시카고대학교 교수진들을 주축으로 형성되었던 시카고학파는, 사람들은 주어진 사실에 대해 이성적으로 행동한다고 주장했다. 이런 관점에 따르면, 건물주나 주택 소유자는 환경 친화적 방식을 따르는 것이 이익이 된다고 생각하면 당연히 그렇게 할 것이다. 존스턴은 다시금 지적한다. "경제적 관점은 매우 중요합니다. 이타주의나 사회적 양심에 따라 행동하는 사람들도 있지만, 그런 사람은 아주 소수입니다."

그렇기 때문에, 이 계획에서는 고층 건물주들이 적절한 자금 대출을 받을 수 있으면 냉난방 비용 절감을 위해 건물을 개조하리라 가정하며, 시 당국은 이미 관련 부처나 금융기관과 함께 필요한 절차를 진행 중이다. 단열 효과를 높이고 새로운 난방 장치, 온수 공급, 조명 설비를 갖추면 관련 에너지 비용이 30퍼센트까지 줄어든다. 시 공무원들에 따르면 최근 아홉 개 기업이 27만 7,000달러를 투입해 건물의 단열 능력을 보강했는데 이로 인한 비용 절감 효과가 연간 10만 달러에 이르러 3년이면 비용을 회수할 것이라고 했다. 시어즈타워(Sears Tower)와 머천다이즈 마트(Merchandise Mart)처럼 시카고의 몇

몇 상징적 건물에서도 이미 이러한 개조가 진행 중이다.

일반 가정도 마찬가지다. 이 계획에서는 백열등을 형광등으로 바꾸면 1년에 가구당 108달러를 절감할 수 있다고 본다. TV를 보지 않을 때 전원 선을 빼 두면 추가로 23달러가 절감된다. 겨울에 실내 온도가 화씨 3도 낮아지도록 온도 조절계를 설정하고, 자동차 타이어 공기압을 적절히 유지하고, 일주일에 10마일씩만 덜 주행해도 비용이 꽤 절감된다. 이런 방법들은 시민들 생활이 조금씩 변화하는 것만으로도 상당한 절감이 가능한 열세 가지 방법 중 일부로, 모든 방법을 적용하면 연간 800달러에 이르는 비용을 아낄 수 있다. 전체 주민 절반만 이 지침을 따라도 온실가스 배출은 80만 톤 줄어든다.

이 계획안은 재생에너지와 친환경 기술 기업들에 호응받으며 이미 시카고의 경제적 기후 변화 대책의 기반을 다져간다. 데일리 시장은 이 계획이 확실하게 자리 잡기를 원한다. 그는 '바람의 도시'라는 별명답게 시카고가 지난 세기의 유산인 매연을 뿜어내는 거대 석탄발전소 대신 풍력을 이용해 대부분의 전기를 얻기를 바란다. 시간이 지나면 그의 계획이 미래를 내다보았는지, 그저 공상에 그칠지 알게 될 것이다. 어떤 경우에도 시카고는 당황하지 않을 것이다. 대부분의 사람들은 바람의 도시라는 시카고의 별명이 미시간 호에서 불어오는 바람 때문이라고 생각한다. 그러나 사실 이 별명은 미국이 엄청난 변화에 직면한 19세기, 시카고 정치인들의 허풍을 가리키는 말이었다.

# 4

# 고효율 빌딩

# 4-1 도시를 변모시키는 LEED 규격

케이트 윌콕스

새로운 법규와 환경단체들의 압력 때문에 점점 많은 도시들이 건물 효율을 높이는 데 돌입했다. 미국친환경빌딩위원회(U.S. Green Building Council, 이하 USGBC)는 신축 건물과 기존 건물을 개보수할 때 환경 영향을 최소화하는 규정을 담은 LEED(Leadership in Energy and Environmental Design) 인증 체계의 확산을 위해 여러 곳과 함께 노력 중이다. 위원회의 대변인 마리 콜먼(Marie E. Coleman)에 따르면 LEED 인증을 획득하는 것은 "이제 아주 보편적인 일"이다.

일부 도시에서는 빌딩 관리 규정에 LEED 규정 적용을 강제로 포함하기도 한다. 위원회의 휴스턴 지부장인 로라-마리 버나드(Lora-Marie Bernard)는 말한다. "빌딩 관련 규정을 샅샅이 검토했습니다. 지붕 냉각이나 에너지 스타 등급 같은 방식으로 규정을 강화하면 새로운 산업이 일어납니다."

미국환경보호위원회(U.S. Environmental Protection Agency, EPA)는 에너지 스타 기준으로 인증받은 건물이 가장 많은 25개 도시를 발표해서 이런 움직임에 기여했다. 1위는 로스앤젤레스로 262개 건물이 인증을 받았다. 샌프란시스코는 194개였다. 휴스턴 · 워싱턴D.C. · 댈러스-포트 워스 · 시카고 · 덴버 · 미니애폴리스-세인트폴 · 애틀랜타 · 시애틀이 순서대로 10위에 들어간 나머지 도시들이다.

# 4-2 LEED가 만능은 아니다

다니엘 브룩

끝없이 펼쳐진 로스앤젤레스 시가지 한복판에, 재활용 소재와 지속 가능한 방식으로 벌채된 목재를 이용해서 지은 특이한 모습의 주유소가 자리 잡고 있다. 태양전지판을 덮은 지붕은 추상화에나 나올 법한 다각형을 이룬다. 이 건물 소유주인 거대 석유 회사 브리티시페트롤륨사(Brithsh Petroleum)는 이곳에 헬리오스* 하우스(Helios House)라는 이름을 붙였다. 그러고는 이곳이 지속 가능한 건축물 평가에 보편적으로 사용되는 LEED 인증을 받았기 때문에 미국 최초의 '친환경' 주유소라고 주장한다.

*라틴어로 태양.

어찌 됐든 이 건물은 주유소다. 이곳에서는 차량에서 연소되어 환경에 부담을 안기는, 석유를 정제한 연료를 판매한다. 주유소가 친환경 건물이 되는 이런 모순적 상황이 건물 자체의 탓은 아니다. 하지만 헬리오스 하우스는 LEED 인증이, 건물이 환경에 미치는 영향을 평가하는 잣대로서 얼마나 부족한지 상징적으로 보여준다. LEED 덕분에 건물을 지을 때 환경을 고려하긴 하지만 더욱 근본적 문제를 놓치는 경우가 너무나도 많다.

워싱턴D.C.에 위치한, 친환경 건물의 건축을 촉진하는 비영리단체 USGBC에서 LEED 인증을 발급한다. 그간 오랫동안 간과되어온, 건물이 환경을 해친다는 사실을 알게 되면서 이 제도가 생겼다. 건축 자재를 만들려면 원자재가 필요하고, 에너지를 투입해야 하며, 토지도 필요하다. 건설 기간 중에도 에너지와 물이 필요하며, 냉난방을 포함한 건물 운영에도 연료가 소비된다. 미국 전체 에너지 소비 절반이 건설 분야에서 발생한다.

2000년에 발표된 LEED 인증 시스템은 기본적으로 사용된 자재, 난방과 냉방 효율, 배수 등 다양한 항목에서 건물(주로 상업용 건물)을 평가하고 등급을 매긴다. 신축되거나 개축된 건물은 가산점을 받는데 평가 결과에 따라 플래티넘, 금, 은 등급 인증을 받거나 혹은 단순히 인증만을 획득한다. 건물 소유주가 USGBC에 인증을 신청할 때는 건물의 청사진과 에너지 소비 추정량을 함께 제출해야 하지만, 건물이 완공된 후 신청서 내용대로 건물이 지어지고 운용되는지 불시에 확인하거나 점검하는 절차는 마련되지 않았다.

일부에서는 LEED가 악용되거나, 화려한 수사로 홍보에 이용될 여지가 있다고 우려한다. 대기업은 고작 친환경 건물 한 채를 건설하면서도 언론의 주목을 받을 수 있다(브리티시페트롤륨사의 주유소는 라디오를 비롯한 다양한 미디어를 통해 전국에 소개되었다). 건물 주변에 자전거 주차장을 마련하면 차 대신 자전거를 몰고 출근하는 직원들이 있으니 어쨌든 안 하는 것보다 낫긴 하다. 이 제도에 회의적인 사람들은 2만 2,500달러에 이르는 심사 비용, 그리고 높은 등급을 받기 위해 전문가와 상담하는 비용 등을 고려하면 총비용이 10만 달러가 넘을 수 있다는 사실도 지적한다. USGBC는 별도의 상담은 필요 없다고 보지만 설계 인력 중에 LEED 자격을 가진 사람이 포함되어 있으면 심사에서 가산점을 받는다. 이 제도가 개별 건물의 설계에만 초점을 맞추다 보니 주유소가 친환경 건물이 되는 어이없는 결과를 만들어내기도 했는데 근본적 문제를 놓친다는 점에서 더 큰 비난의 대상이 되기도 한다.

이런 문제점에도 아랑곳없이 LEED는 급속히 확산된다. 2001년에는 불과 93개 프로젝트만이 LEED 인증을 얻었지만, 2007년에는 인증을 얻은 곳이 5,500군데에 이른다. 대형 상업 건물에 LEED 인증을 요구하는 도시도 여럿이고, 많은 주에서는 공공건물에 이를 적용한다. 또한 LEED 인증을 얻으면 건물 운용 비용이 절감되고 환경에 주는 부담도 덜 수 있다. 일례로 캘리포니아 주 정부는 골드 등급을 받은 신축 교육부 건물의 에너지 절감 효과만도 매년 50만 달러에 이를 것으로 추산한다.

하지만 일부에서는 LEED 확산이 오히려 더 큰 문제를 일으킨다고 주장한다. 최근, LEED 임원들은 도시 확장에 따른 기후 변화의 영향을 최소화하고 효과적 성장이 가능하도록 다양한 의견을 반영한 일련의 개혁을 추진 중이다.

하지만 이들은 여전히 친환경 건축물 개념이 국가적 관점에서 중시되기를 바란다. 이 프로그램의 운영위원회 위원장인 스코트 호스트(Scot Horst)는 말한다. "저희 부모님도 이제는 친환경 건물이 무엇인지 이해하십니다."

### 인증 기준의 보완

LEED를 가장 비판하는 사람들은 친환경이란 개념이 일반화되기 이전에 이미 친환경 개념을 받아들였던 건축가들이다. 이들은 그저 확인 목록만을 강조하는 방식으로는 전혀 친환경적 건축물이 만들어질 수 없다고 본다. 또한 이런 규정은 건축가들을 그저 기능공으로 바라보며, 건축의 예술적·지적·공공적 측면을 무시하는 결과를 만들어낸다고 생각한다.

오래전부터 친환경 건축가로 활동 중인 필라델피아의 밥 널스(Bob Nalls)도 이런 관점에서 LEED 인증 취득 건축가가 되는 것을 거부한다. 그는 이런 확인 목록에 기반한 체계가 건축가로 하여금 "색칠하는 법을 제도화하면 누구나 피카소처럼 될 수 있다"고 생각하게 만든다고 말한다. 그는, 진정한 의미의 친환경 건물을 설계한다는 것은 설계에 있어서 환경에 미치는 다양한 긍정적·부정적 영향을 모두 고려하는 것이라고 설명한다. 예를 들면 LEED는 전기 조명의 필요성을 줄이기 위해 실내에 적어도 두 군데에서 자연광이 들어오는 것을 요구한다. 하지만 태양광이 많이 들어온다는 것은 동시에 냉방도 더 해야 된다는 의미다. 그는 탄식했다. "이 질문에 대해서 태양광이 들어오는 지점이나 들어오지 않는 지점으로 대답한다면 어리석기 짝이 없는 일이지요."

건물주들이 그저 주변의 관심을 끌려고 인증을 받는 데만 집착하는 행태를 비웃는 사람들도 많다. 애스펀 스키장의 지역 및 환경 부문 책임자 오든 쉰들러(Auden Schendler)는 이런 모습을 그저 손쉽게 주목받으려는 것으로 보았다. "건물을 지을 때 확인해야 하는 일들이 많은데, 그중 몇 개를 했느냐에 집착한다면 누구라도 쉬운 것부터 챙기게 마련입니다." 아무도 사용하지 않는 395달러짜리 자전거 거치대 설치와 100만 달러짜리 친환경 난방 설비 설치가 모두 한 개의 항목으로 취급된다면 말이다.

쉰들러는 LEED의 이런 방식 때문에 건설 회사들이 환경에 주는 영향보다 인증에만 매달린다고 지적했다. 한번은 설계팀이 아주 장점이 많다고 여겼던 열 반사형 지붕을 설치하는 공사에 참여한 적이 있는데, 이렇게 해도 인증 심사에서는 단 1점을 얻을 뿐이다. 도시에서는 검정색 옥상과 지붕이 낮에 햇빛을 흡수했다가 밤에 방출하기 때문에 소위 열섬현상이 일어나서 냉방 수요가 올라간다. 그러나 그가 참여했던 로키 산맥 해발 8,000미터 지점의 프로젝트에서는 설령 지붕이 새카맣다고 해도 열섬현상을 일으킬 가능성은 거의 없다. 그런데도 인증 심사에서 점수를 얻기 위해 굳이 지붕 색깔에 신경을 써야 할까?

일부 건축가들은 정공법을 택한다. 앤아버에 있는 미시간주립대학교 건축과 교수 더글러스 켈보(Douglas Kelbaugh)는 학교의 주요 건물 중 한 곳의 증축을 총괄한다. 그는 증축을 하면서 LEED 인증 신청을 하지 않을 계획이다. 대외 홍보나 외부 도움이 필요한 것도 아닌데 비용을 써가며 신청할 필요가 있을까?

켈보는 말한다. "이 건물은 아주 훌륭하고, 어떤 면에서 그런지도 이미 우리 모두 잘 압니다." LEED 인증을 얻으려고 10만 달러를 쓰는 대신 "10만 달러를 들여 태양전지판이나 단열성이 높은 유리를 설치하는 편이 낫지요." 현재 증축 중인 건물의 가장 친환경적인 면은 추가 부지를 사용하지 않는다는 것이다. "그래서 경관 측면에서는 LEED 인증 신청 자격이 없습니다."

그는 사실 LEED보다 더 앞선 규격인 미국건축학회(American Institute of Architects)의 '2030 Challenge' 규격 제정에 참여한다. 이 프로그램의 목표는 2010년에는 신축 건물들이 주변 건물보다 탄소 배출량을 절반으로 줄이고, 2030년에는 탄소 배출량이 0에 이르거나 탄소 중립적인 수준에 이르도록 하는 것이다(USGBC도 이 프로그램을 지지한다). 그는 이 프로그램이 "더 단순하고, 비용이 들지 않고, 탄소 배출량을 줄이기 위한 핵심 부분을 다룬다"고 주장했다. 그에 따르면 향후 20년간 건물 옥상에 태양전지판을 설치함으로써 미시간주립대학교는 2030년이면 외부에서 전력을 공급받지 않아도 될 것이다. 이런 움직임은 대부분의 전기를 매연이 많이 발생하는 석탄 화력발전소에서 공급받는 동남부 미시간 주에서는 특히 의미 있는 일이다. 단지 LEED 인증 획득에만 초점을 맞추는 건축가라면 전혀 고려하지 못할 부분이다.

이런 지적을 받아들여 LEED 제도도 일부 문제점을 보완 중이고 앞으로도 추가로 개선이 있을 예정이다. 아직까지는 항목별 점검 방식을 고집하지만, USGBC는 에너지 효율 분야에서 적어도 2점을 받지 못하면 탈락시키는 방식으로 제도를 수정했다. 호스트는 2009년에 있을 다음번 개정에서는 지구온난화에 영향을 미치는 항목에 배점을 더 주는 방식이 채용될 것이라고 알려줬다. 예를 들면 에너지 효율 증대 항목에선 배점이 거의 두 배로 늘어났고, 대중교통 접근성 항목에선 세 배 가까이 늘어났다. 과거에는 "재생에너지 사용과 자전거 거치대 설치가 모두 동일하게 1점이었습니다." 호스트도 인정한다.

또한 USGBC는 지역에 따라 다른 기준을 적용하는 방식도 채용했다. 그 결과 이제 애리조나 주 피닉스에서는 물 사용량 절약 항목에 더 중점을 두고, 로키 산맥에서는 애틀랜타 같은 도시와 달리 열섬현상에 신경을 쓰지 않아도 된다. USGBC는 다양한 아이디어를 이용해서 LEED를 개선하려는 의도로, 표준 항목에는 누락된 환경 관련 항목을 임의로 포함하도록 일종의 자유 세부 항목도 마련했다. 예를 들면 화학약품을 쓰지 않고 벌레의 침입을 방지하는 기술 등이다.

### LEED 확산의 긍정적 영향

LEED가 진정으로 의미를 가지려면 주거 지역의 환경까지도 포함하는 기준을 가져야 한다. 주거 건물용 기준인 LEED-ND(LEED for Neighborhood Development)는 USGBC가 미국환경보호위원회의 후원을 받는 두 비영리단체인 뉴어버니즘협회(Congress for the New Urbanism), 천연자원보호협회와 함께 마련한 것이다. 인증을 신청하는 건설 회사는 계획에 주거 지역의 건설 대상 주위에 대한 대책을 포함해서 제출해야 한다. 이 제도는 개별 건물만을 대상으로 해서는 환경보호의 실질적 의미가 떨어진다는 사실을 암묵적으로 인정하는 셈이다. 기준에 따르면 인구밀도, 교통 접근성, 주변과의 조화 등이 모두 평가 대상이 된다.

천연자원보호협회의 지능형 성장 담당 이사이자 LEED-ND의 창설에 참여한 카이드 벤필드(Kaid Benfield)는 말한다. "주변 지역까지 포함해 주거 지역을 아주 뛰어나게 만들 수는 있습니다. 하지만 벌판 한복판에 그런 것을 지어 놓아 모든 사람이 자녀들을 학교에 데려다주거나 일터에 나가거나 가게에 가서 물건 몇 개를 사려 할 때마다 몇 킬로미터씩 차를 타고 다녀야 한다면 환경적 측면에서는 아무런 의미가 없습니다."

켈보는 평균적으로 도시 가구가 교외의 가구에 비해 에너지를 절반 정도밖에 소비하지 않고, 심지어 교외의 친환경 가구에 비해서도 에너지 소비가 훨씬 적다는 점을 들어 LEED가 인구밀도를 반영한 점을 높이 평가한다. 물론 도시에 지은 친환경 주택이 가장 효율이 높긴 하지만, 그가 말하고자 하는 핵심은 친환경 주택이라고 해도 많이 지어지면 결국은 친환경이 될 수 없다는 점이다. 켈보는 미국인들은 평균적으로 영국인보다 차로 통근하는 경우가 두 배는 더 많고, 자전거나 도보를 이용하는 사람은 3분의 1 이하, 대중교통을 이용하는 사람은 7분의 1도 되지 않는다고 지적한다. 휴스턴 주민은 평균적으로 런던 시민보다 에너지를 네 배 많이 소비한다.

LEED-ND 시범 프로그램에서는 자전거 차선, 인도, 대중교통 접근성 등 다양한 대체 교통수단 이용성에 가산점을 준다. 또한 간단한 물건은 집 근처 걸어서 갈 수 있는 곳에서 구입할 것을 장려한다. 주거지 설계에서 왜 이런 점이 중시되는지 LEED-ND 책임자 제니퍼 헨리(Jenniffer Henry)는 설명한다. "토지는 이용 방식을 바꾸기가 어렵거든요."

LEED-ND도 LEED와 마찬가지로 허점이 있을 수 있다. 오스틴에 있는 텍사스주립대학교 건축설계학과 교수 스티븐 무어(Steven Moore)의 생각이 그러하다. 이 기준에 따라 지어진 건설계획들은 환경 친화적이긴 하지만, 항목별 점검 방식으로는 모든 요구 조건을 만족시킬 수 없고 혁신을 반영하기 쉽지 않으며 이러한 근본적 약점은 극복하기가 어렵다. 그는 학생들에게 중저가 주택 설계 과제를 내주었는데 학생들이 제출한 계획을 보면 교외의 숲을 밀어내고 새로운 단지를 조성하는 대신 도시 내 노는 땅을 이용하는 주거지 개발 아이디어가 있다. 하지만 LEED-ND에서는 이런 상황을 전혀 고려하지 않는다. 무어는 말한다. "학생들의 아이디어로는 아마 단 1점도 얻지 못할 겁니다."

하지만 무어는 규정에 개선이 필요하긴 해도 LEED의 점진적 확산은 긍정적이라고 생각한다. 무어는 영국판 LEED라고 할 수 있는 건축물 환경 평가기법(Building Research Establishment Environmental Assessment Method)이 영국 건설 법규에 포함된 사례를 언급하며 말한다. "자발적으로 시작한 일이 강제 규정이 되는 것은 사회적 가치가 변할 때 흔히 일어나는 일입니다."

LEED가 몇 년 만에 급속하게 확산되면서, 건물이 환경에 미치는 영향에 무심하던 국가인 미국이 주유소조차 친환경적으로 만들고자 애쓰는 나라로 변했다는 사실은 분명하다. 하지만 이런 체계가 과연 궁극적으로 미국을 친환경 국가로 변모시킬지는 여전히 미지수이기도 하다.

# 4-3 맨해튼의 옥상정원

에이미 크래프트

뉴욕 시 첼시 지구의 어느 건물 옥상, 두 가지 토종 식물을 심은 상자에서 두 학생이 토양 샘플을 채취한다. 원래 롱아일랜드 평야 지대에서 자라는 풀인 헴스테드 플레인(Hempstead Plain)과, 뉴잉글랜드 주 남부 산악 지대와 뉴욕 주 전체에서 자라는 로키 서밋(Rocky Summit)이다. 학생들은 조심스럽게 흙을 퍼서 비닐봉지에 담은 뒤 밀봉했고, 연구실로 가져가서 분석할 예정이다.

두 학생은 친환경 옥상의 효과를 극대화할 방법을 찾는 연구팀의 일원이다. 맨해튼을 비롯한 여러 도시의 옥상에서 식물을 키우는 일이 늘어나면서 연구의 필요성이 생겼다. 2011년 이후, 뉴욕 시장 마이클 블룸버그는 PlaNYC 프로그램을 통해서 옥상에 식물을 키우는 건물에 세금 경감 혜택을 부여했고 빗물 처리 프로젝트에 자금을 지원했다. 옥상정원을 설치하면 냉난방 비용이 절감될 가능성이 있고 빗물이 건물 밖으로 배출되는 양을 줄일 수 있지만, 아직 이런 효과들이 정확하게 분석된 상태는 아니다.

옥상정원에 어떤 식물을 키우면 가장 효과적인지 다양한 연구가 진행 중이다. 2007년 《바이오사이언스(BioScience)》지에 실린 연구 결과에 따르면 옥상정원은 빗물 배수량과 도시 열섬현상을 줄일 수 있으며 건물 온도를 유지하는 데도 효과가 있다. 옥상정원이 이런 효과를 보려면 강한 바람, 강력한 자외선, 예측이 곤란한 물 공급 등에도 견딜 수 있는 식물을 찾아야 한다. 그래서 대부분의 옥상정원에서는 바람에 강하고 비가 오래 오지 않아도 견딜 능력이 있는 비름(sedum)이라는 식물을 키운다. 하지만 비름을 심은 옥상정원은 지속 가능성이라는 면에서 본다면 타르나 아스팔트로 덮은 옥상에 비해 전혀 친환경적이라고 보기 어렵다.

스콧 맥아이버(Scott MacIvor)는 캐나다 토론토 요크대학교 생물학과의 박사 과정 학생으로 지붕에 서식하는 벌과 말벌을 연구하며, 토론토 시에서 발간한 생물다양성 옥상정원 지침서를 쓰기도 했다. 그에 따르면, 비름은 다른 식물에 비해 물을 잘 흡수하지 못한다. 비름은 시기에 따라서는 열을 반사하지 않고 흡수한다. "문제는 비름이 옥상정원에 기대하는 효과를 보여주지 못한다는 겁니다. 그냥 지붕에 풀이 있는 셈이죠." 가장 큰 문제는 비름이 옥상정원에서 생물다양성을 촉진하지 못한다는 데 있다. 맥아이버의 연구에 따르면, 옥상정원은 해당 지역에 서식하는 다양한 종을 심을 때 가장 큰 효과가 나타난다.

바나드대학교 생물학과 조교수인 크리스타 맥과이어(Krista McGuire)는 비름은 심각한 문제점이 있다고 본다. 그는 토종 식물들이 옥상정원에 얼마나 잘 적응하고 기대한 효과를 내는지 연구했다. 블룸버그 시장이 옥상정원을 권장하기 시작한 2010년 이후, 맥과이어는 토종 식물을 심은 옥상정원 열 군데와 뉴욕 시 다섯 개 구역 공원의 토양 샘플을 비교해서 옥상정원의 생태계에서 살아가는 미생물들을 연구했다.

2012년 4월 학술지 《플로스원(PLOS ONE)》에 실린 논문에 따르면, 식물들이 거칠고 오염된 환경에서 살아남고 중금속을 걸러내도록 옥상정원마다 독특한 곰팡이들이 서식한다. 오염된 토양과 인간이 지배적인 생태계에서 자라나는 곰팡이(*Pseudallescheria fimeti*)를 포함해서 옥상마다 평균 109가지 종류의 곰팡이가 서식한다. 옥상에서 채취된 토양에는 식물 조직에 기생하면서 식물의 영양분 흡수를 돕는 곰팡이(*genusPeyronellaea*)도 들어 있다.

맥과이어는 자신의 연구 결과를 이용해서 옥상정원 조성 기업들이 각각의 옥상정원에 가장 적합한 식물을 고를 수 있기를 바란다. 면밀히 살펴본 옥상정원 세 군데의 토양 분석 결과는 옥상마다 분포하는 곰팡이의 종류가 다르다는 사실을 보여준다. 맥과이어는 이를 옥상이 각각 개별적인 미세 기후를 갖는 것으로 표현한다. 버섯의 성장은 옥상의 위치, 해당 지역의 오염 정도, 온도, 강수량에 영향을 받는다. "식물은 새로운 환경에 적응합니다. 곰팡이가 없으면 식물의 생장이 불가능해요."

그녀는 다음과 같이 말을 맺었다. "장기적으로 이 정보를 이용해 어떤 종류의 미생물이 각각의 옥상정원에 적합한지 판단하는 것을 도와줌으로써 식물 생장을 극대화하고 관리를 최소화할 수 있습니다."

# 4-4 초고층 성

마크 램스터

2001년 어느 청명한 아침, 세상이 뒤집어졌던 그날, 레스 로버트슨(Les Robertson)은 지구 반대편에 가 있었다. 홍콩의 어느 식당에서 저녁 식사를 주최하던 중이었다. 식탁 위에 놓여 있던 휴대폰들에서 동시에 진동 신호가 울렸다. 무언가가 쌍둥이 빌딩에 충돌했다는 첫 번째 뉴스의 알람이었다. 존경받는 건축가 로버트슨은 바로 그 건물의 구조 설계 담당자였다. 로버트슨은 처음에는 별 신경을 쓰지 않았다고 한다.

현재 그의 사무실은 그라운드 제로가* 내려다보이는 인근 건물 47층에 있다. 사무실에서 로버트슨은 이런 이야기를 들려주었다. "나는 헬리콥터가 세계무역센터(World Trade Center) 빌딩에 충돌한 줄 알았습니다." 그것도 안타까운 사고가 아니라고 할 수는 없겠지만, 그 정도 충격은 충분히 버틸 수 있도록 건물 구조 설계 당시 충분히 고려를 했다고 한다. 몇 분 후 다시 휴대폰이 동시에 진동했고, 두 번째 충돌 뉴스가 전해졌다. 그제야 로버트슨은 "뭔가 심각한 일"이 벌어졌음을 직감하고 손님들에게 양해를 구한 뒤 호텔 방으로 올라가 뉴스를 보았다.

*9·11테러로 사라진 세계무역센터 건물 부지의 명칭.

이 건물들의 혁신적인 구조 설계가 공공의 관심사가 되었지만 그 후 몇 주 동안 로버트슨은 비극과 관련된 모든 인터뷰 요청을 거절했다. "당시 구조 설계 엔지니어로서의 제 경력은 끝났다고 생각했습니다"라고 그는 당시를 회고했다. 사실 9·11테러로 인해 초고층 건물의 시대가 저물었다는 우려가 팽배했으므로 그의 직업 자체가 사라질 것처럼 보였다.

미국의 신문은 우려 가득한 기사들로 가득했다. 《월스트리트저널(Wall Street Journal)》지는 9월 19일자 기사에서 적었다. "많은 사람들이 자신이 사는 멋진 고층 아파트가 위험하다고 여긴다." 《유에스에이 투데이(USA Today)》지는 같은 날, "지난주에 사라진 건 세계무역센터 건물만이 아니다. 미국의 상징으로서의 초고층 건물의 앞날은 암울하다"라는 신중하지 못한 표현을 썼다.

이후 몇 달간 비슷한 기사가 끊이지 않았고, 미국 특허청은 낙하산, 밧줄, 비상용 이동수단 등 화재가 난 빌딩에서 탈출하는 방법에 대한 수많은 특허 신청을 접수했다. 전 세계가 9·11테러로 인해 현기증에 시달렸다.

안전에 대한 우려에 더해, 디지털 시대에는 도시와 초고층 건물이 과거의 유물이라는 인식이 팽배해지기 시작했다. 듀크대학교 공과대학의 교수이자 일상에서의 각종 설계에 관해 다수의 책을 쓴 헨리 페트로스키(Henry Petroski)는 9·11이 일어난 지 불과 닷새 뒤에 《워싱턴 포스트(Washington Post)》지에 실린 글 '앞으로 나아가기는 해도 위쪽으로는 아니다(Onward But Perhaps Not Upward)'에서 단호하게 이런 의견을 밝혔다. 페트로스키의 말을 빌리면, 빠르고 사용하기 쉬운 인터넷 통신은 "사람들이 가까이 붙어 있어야 할 필요를 감소시켰다."

하지만 초고층 건물의 종말을 예고한 수많은 예언은 실현되지 않았고, 이런 예측이 판치던 시기는 단지 잠시 동안의 혼란기였을 뿐이라는 사실이 드러났다. "초고층 건물이 인명을 살상했다는 말도 안 되는 주장이 난무했습니다." 뉴욕 시 초고층 건물 박물관의 창립자이자 관장인 캐럴 윌리스(Carol Willis)는 이야기한다. "사람들을 죽인 건 테러리스트입니다. 건물이 위험하거나 악한 게 아닙니다."

9·11 이후에도 미국 이외 지역에서는 초고층 건물 건설이 멈추지 않았다. 급속한 도시화가 진행 중인 태평양 연안 국가들에서는 경쟁적으로 초고층 건물 수요가 발생했다. 대표적 고층 빌딩 설계 회사인 스키드모어사(Skidmore), 오잉스 앤드 메릴사(Owings&Merrill)의 공동 대표 고트스디너(T. J. Gottesdiener)는 말한다. "중국, 중동, 아시아? 잠시도 쉴 틈이 없었습니다. 당시 진행 중인 프로젝트가 여럿 있었는데, 하나도 중단된 것이 없습니다."

사실 초고층 건물에 대한 미국인의 일반적 인식은 그날 이후 많이 바뀌었다. 사람들은 이제 초고층 빌딩이 도시의 스카이라인에서 단지 오만함을 표현하는 존재 이상이라는 사실을 안다. 초고층 빌딩은 전 세계적 도시화의 물결을 받아들이는 가장 효율적이면서도 지속 가능한 방법일 뿐이다.

## 높게, 더 높게

사실 지난 10년 동안은 역사적으로 초고층 빌딩이 가장 많이 건설된 시기다. 초고층 건물 건설과 관련된 정보를 모으는 조직인 '세계초고층도시건축학회(Council on Tall Buildings and Urban Habitat, 이하 CTBUH)'에 따르면 2001년 이후 350동가량 되는 고층 건물이 지어졌으며, 전 세계적으로 그 수가 두 배 이상 증가했다고 한다. '초고층'(높이 300미터 이상인 구조물) 건물의 수 역시 이 기간 동안 두 배로 늘었다.

이런 추세는 점점 심해진다. 2010년 완공된 두바이 부르즈 칼리파(Burj Khalifa) 빌딩은 높이 828미터로 세계에서 가장 높은 빌딩일 뿐 아니라 2004년에 완공된 2위 타이페이 101(Taipei 101) 빌딩보다 320미터나 높은데 이는 높이 319.4미터인 뉴욕 크라이슬러 빌딩(Chrysler Building)과 같은 높이다. 부르즈 칼리파 빌딩은 당분간 가장 높은 빌딩이 될 것이고, 2011년이 되면 높이 200미터 이상인 고층 건물 97개(그중 22개는 초고층 건물)가 완공되어 역사상 가장 많은 고층 빌딩을 지은 해로 기록될 것이다.

윌리스는 이야기한다. "아마 점점 자주 듣게 될 낱말은 '~의 상징이 되는(iconic)'이란 단어일 겁니다. 건축주는 당연히 상징적이고 높은 건물을 원하며, 투자 효용성이 극대화되는 수준보다 더 높기를 바랍니다."

사실상 대부분의 초고층 건물은 경제적 관점에서는 타당성을 입증하기가 힘들다. 건물이 70층을 넘어가면 (어디에 짓느냐에 따라 기준은 달라지지만) 구조적 안정성을 확보하는 데 투입되는 비용, 엘리베이터와 기타 용도로 필요한 공간 확보 때문에 경제적 이익을 내기가 어렵다.

이처럼 과시적인 대부분의 초고층 건물은 미국 이외의 지역에 지어진다. "많은 도시들은 스카이라인을 이용해서 자신을 알리고 싶어 합니다." CTBUH 위원장 안토니 우드(Antony Wood)는 지적한다. "스카이라인은 어떤 도시가 그런 수준에 도달했다는 사실과, 선진국의 일원이 되었다는 점을 보여주는 상징으로 받아들여집니다."

2010년에 완공된 빌딩 중 가장 높은 20개 가운데 하나인 시카고 레거시 타워(Chicago's Legacy Tower)만이 미국에서 지은 건물이다(게다가 19위다). 과거에 프리덤 타워(Freedom Tower)라는 이름으로 불린 원 월드트레이드센터(One World Trade Center)는* 전 세계에 건설 중인 건물 중 4위 높이다. 완공되면 높이 541미터가 되는 이 빌딩은 이 도시의 상징적 건물이 될 것이다.

*110층짜리 쌍둥이 건물이던 원래 건물들이 9·11테러로 붕괴된 후 재건립된 건물. 2014년 11월에 개장했다.

초고층 건물 건설 열풍은 중국이 주도한다. 맥킨지글로벌인스티튜트가 2009년 펴낸 보고서에 따르면, 중국의 도시 인구는 2025년 3억 5,000만 명에 이를 것이다. 이에 비해 1915~1970년 미국 남부에서 북부 도시로 옮겨 가면서 인구 분포에 변화를 일으켰던 흑인 이주 인구는 600만 명에 불과하다.

초고층 건물들이 미국에서 지어지지는 않지만, 대부분은 미국 기업이 설계하기 때문에 여전히 미국적 스타일을 따른다. 윌리스는 말한다. "30억 달러를 들여서 건물을 짓는다면, 그런 규모의 실적이 있는 설계 회사를 선호하게 마련입니다."

그렇기 때문에 지난 10년간 지은 초고층 건물의 구조나 외관이 혁신적이기보다는 점진적으로 발전하는 모습을 보이는 현상은 전혀 놀라운 일이 아니다. 로버트슨은 말한다. "크게 보면, 건물의 구조 측면에서는 딱히 새로울게 없습니다." 최근에 지은 초고층 건물 중에서 가장 외관이 눈에 띄는 건물 가운데 하나는 건축가 프랭크 게리(Frank O. Gehry)가 설계한 높이 265미터의 76층짜리 주거용 건물(이 건물 전면을 장식하는 헝클어진 강철 장식을 베르니니의* 조각에 비유했다)이다. 로워 맨해튼 지역에 지은 이 건물도 구조적 측면에서 보면 아주 표준적이다.

* 바로크 양식을 대표하는 이탈리아 조각가.

구조 엔지니어들에게 지진은 심각한 고려 대상이다. 지진 지대에 위치한 건물은 건물 전체의 질량을 견딜 정도로 단단한 동시에 땅의 움직임을 받아낼 정도로 유연해야 한다. 엔지니어링 기업 손턴 토머세티사(Thornton Tomasetti)의 초고층 건물 전문 구조공학 엔지니어 레오나르도 조셉(Leonardo Joseph)은 설명해주었다. "지진의 위력은 건물의 질량을 통해서 전달되기 때문에 질량이 크면서 강도가 높으면 문제가 됩니다."

지진 지대에 요구되는 가볍고 유연한 구조물은 바람의 영향도 견뎌내야 한다. 이러한 딜레마를 해결하는 가장 혁신적인 공학적 해결책 중 하나로, 손턴 토머세티사 조셉 팀이 2009년까지 세계에서 가장 높은 빌딩이던 타이페이 101 빌딩에 적용한 동조질량댐퍼가 있다. 이 장치에서는 92층 높이에 매달린 660톤짜리 강철 공이 건물의 불필요한 움직임을 최소화한다. 강철 공은 건물과 반대 방향으로 움직이면서 거대한 충격 흡수기를 밀고 당기는 움직임을 통해 건물의 움직임을 열로 변환한다.

통념과는 반대로, 오늘날의 고층 건물들은 사실 저층 건물보다 지진에 유

# 2016년의 도시 스카이라인

2001년 말레이시아의 쌍둥이 빌딩 페트로나스 타워(Petronas Towers)는 세계에서 가장 높은 건물이라는 영예를 얻었다. 그러나 머지않아 그 순위가 바뀐다. 현재 건설 중인 건물들이 완공되면 2위에서 7위 자리를 차지할 것이다(부르즈 칼리파의 지위를 넘볼 자는 당분간 없을 것이다). 고층 건물에 대한 욕망이 아직은 사그러들 기미가 보이지 않는다. 아래는 2016년 현재 세계 10위권에 있는 최고로 높은 빌딩들이다.

## 심사 기준

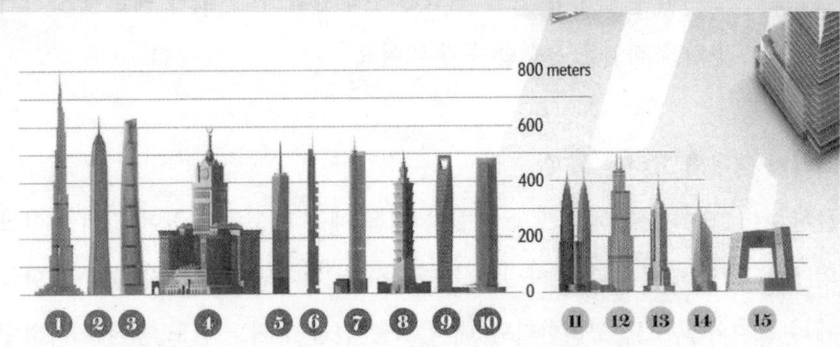


공식적으로 빌딩 높이를 측정하는 기준에는 구조적 요소가 포함된다. 예를 들어 첨탑은 포함되지만 안테나나 깃발은 제외된다. 이런 기준 때문에 아랍에미리트의 빌딩 펜토미니엄(pentominium)❻이 미국의 세계무역센터 빌딩❺보다 지붕 높이는 더 높지만 빌딩 높이 순위에서는 세계무역센터 빌딩에 뒤진다.

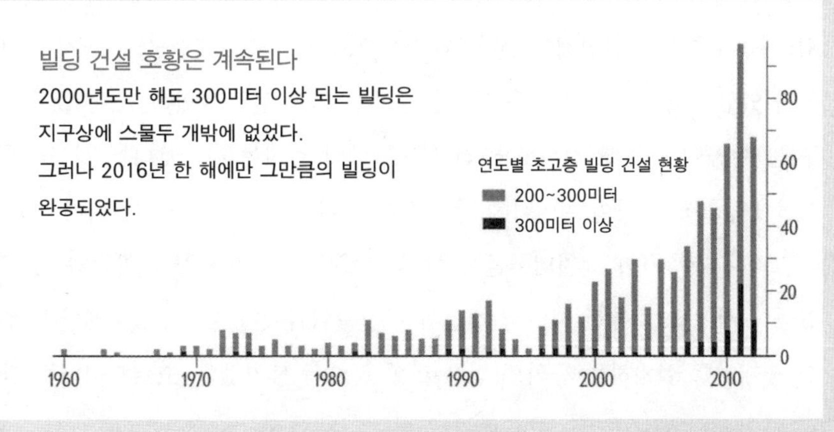


일러스트 : Bryan Christie

리하다. 조셉은 설명한다. "갑자기 땅이 움직일 때 초고층 건물은 '주먹을 맞고 휘청거리는 것처럼' 변형을 통해서 갑작스런 움직임을 흡수합니다. 낮은 건물들은 움직임을 흡수할 만큼 변형을 만들어낼 수가 없기 때문에 갑자기 일어나는 땅의 움직임을 흡수할 수가 없어요."

### 최악의 경우를 고려한 설계

물론 9·11테러를 통해서 고층 건물을 지을 때는 단순히 지진이나 태풍 이상의 것을 고려해야 한다는 사실이 분명해졌다. 하지만 오늘날의 통상적 항공기의 크기와 속도를 고려한다면 대체 고층 건물이 어느 정도 충격을 버텨내도록 지어야 할지 판단하기가 어렵다. 세계무역센터는 현재 가장 큰 여객기인 에어버스 A380의 20퍼센트 정도 되는 보잉 707과 부딪혀도 견딜 수 있는 수준이었다.

9·11테러 약 1개월 후, 로버트슨은 홍콩에 돌아와 신경이 예민해진 건설회사 측에 현실을 설명해야 했다. 홍콩에 오기 전까지 그에겐 생각할 시간 여유가 있었지만 초고층 건물을 설계할 준비는 되어 있지 않았다. 그는 말한다. "저는 항공기 충돌에 견디도록 건물을 지어야 한다는 주장보다는 항공기가 건물에 충돌할 상황이 일어나지 않도록 해야 한다는 의견을 지지합니다."

그러나 건축가와 엔지니어들은 이런 문제를 법에 의지하지 않는다. 소방관들이 사용하는 통신 시스템 개선이 우선순위가 높았으며, 모든 계단에 무선 중계기를 설치하는 등의 방법으로 이 문제를 해결했다. 고트스디너는 말한다. "9·11 때문에 안전을 더 많이 고려하게 되었다는 데는 의문의 여지가 없습니다."

한편, 특허를 받았던 수많은 이상한 대피 시스템들 중에서 조금씩이라도 개발이 진전되는 것은 거의 없었다. 구조 엔지니어들은 이러한 것이 본질과 관계가 없다고 여겼다. 프린스턴대학교 건축학과 교수 가이 노르덴슨(Guy Nordenson)은 말한다. "건물의 대피 방식은 보편적 방식에 따라 만들어야 합니다. 누구라도 대피할 수 있어야 하기 때문입니다."

안전도를 높이는 설계에서는 20세기 초 미래의 건물을 상상할 때 흔히 떠올리던, 건물 사이를 연결하는 스카이 브리지를 이용한 방식이 도입되기 시작했다. 그라운드 제로 위 신축 건물에 대한 제안 중 여러 가지가 이 아이디어를 적용했다. 가장 대표적 건물은 중국 국영 TV 방송국인 CCTV 본사 건물로, 두 개의 건물이 공중에서 꺾인 모양의 통로 두 개로 연결되어 있다.

이 건물의 외관은 놀라운 모습이지만 겉보기에만 그런 것이 아니다. 이 건물에는 화재를 비롯한 위급 상황에 건물 내부 사람들이 사용할 수 있는 대피 통로가 여러 개 있다. "건물 어디서건 아래층으로 내려가든가, 위층으로 올라가서 건물 밖으로 나갈 수 있습니다." 베이징 링크드 하이브리드 단지 등 놀라운 과제에 참여했던 노르덴슨이 설명해주었다. 뉴욕 건축가 스티븐 홀(Steven Holl)이 설계한 아파트, 호텔, 극장, 심지어 유치원까지 포함된 이 복합 단지는 여덟 개 동 건물이 모두 스카이 브리지로 연결되어 있다.

오늘날 눈길을 사로잡는 건물들의 설계에 사용되는 소프트웨어는 건물의 외양뿐 아니라 작동 방식까지 바꾸어놓았다. 건축가들은 컴퓨터를 이용한 설계 기법 덕분에 수시로 설계를 바꿔볼 수 있다. 건축가들은 컴퓨터로 건물의 변형을 실험해보는 것을 필두로, 냉방, 난방, 인력과 물자의 진출입 등 초고층 건물의 각종 복잡한 시스템을 설계 초기 단계부터 통합해서 고려하게 되었다. 건물 관리자들은 이 같은 기술을 이용해 화재 경보 등 비상 상황에서 입주자들이 어떤 식으로 반응할지 테스트해봄으로써 더욱 효과적으로 대처하는 것이 가능해졌다.

### 클수록 유리하다

지난 10년과 비교할 때 초고층 건물에서 가장 크게 변한 점은 건물 설계 자체나 크기와는 아무런 관련이 없는, 건물을 바라보는 시각이라고 할 수 있다. 한때(그리 오래전도 아니다)는 초고층 건물을 SUV와 마찬가지로 에너지를 마구 소비하는 존재로 여겼다.

"초고층 건물이 환경 친화적이라는 개념은 10년 전의 인식과는 정반대입니다." 뉴욕 현대미술관에서 있었던 랜드마크 2004 초고층 빌딩 전시회의 큐레이터 테렌스 라일리(Terence Riley)의 말이다. "많은 사람들이 전원에서 사는 것을 친환경적 삶이라 생각해요." 사실, 진실은 그와 반대인 경우가 많다. 많은 것이 밀집된 뉴욕이나 시카고 등의 도시에 사는 주민들은 교외나 농촌에 거주하는 사람보다 1인당 에너지 소비량이 훨씬 적기 때문이다.

전 세계 여러 초고층 건물 설계에 관여한 영국의 건축가 노먼 포스터는 말한다. "한곳에 집중적으로 모든 것이 모여 있을 때 환경적으로 장점이 된다는 사실은 분명합니다." 그의 설계로 1997년에 완공된, 독일 프랑크푸르트 코메르츠은행(Commerzbank) 본사는 세계 최초의 '친환경' 초고층 건물로 여겨지며, 자연 통풍 시스템, 나선형 공중정원, 자연광을 이용한 사무 공간 등을 갖추었다.

포스터는 설명한다. "건물이 높아질수록 규모의 경제를 누리기 쉽습니다. 다양한 기능을 한곳에 모으면 각각에 필요한 에너지 균형을 맞출 수 있고 환경적으로 이점이 많아집니다." 어쩌면 가장 중요한 것은 도심에 위치한 초고층 건물이 대중교통 이용을 촉진한다는 점일지도 모른다.

환경 측면에서 가장 앞선 미국 건물은 타임스 스퀘어 바로 옆 블록에 있는 뱅크 오브 아메리카 타워(Bank of America Tower)다. 건물 상단이 수평이 아니고 하얀 철탑을 세워놓은 높이 366미터의 이 건물은 USGBC가 부여하는 최고 등급인 LEED 플래티넘 등급을 받은 최초의 상업용 고층 건물이다.

뱅크 오브 아메리카 타워는 필요 전력 3분의 2를 자체 생산하고(천연가스 발전기가 설치되어 있다), 외부에서 들어오는 공기의 휘발 성분을 걸러내며, 빗물을 회수한다. 건물 1층부터 꼭대기까지를 감싼 단열 유리와 내부에 설치된 유리 칸막이는 빌딩 안쪽까지 햇볕을 받아들이고, 많은 사람들이 바깥을 볼 수 있도록 시야도 확보해준다. 지하 맨 아래층에는 전 세계에서 가장 큰 얼음 상자가 있다. 밤마다 냉동 장치가 높이 3미터, 지름 2.5미터 크기의 거대한 통 44개에 들어 있는 물을 얼린다. 낮 동안 이 얼음이 녹으면서 냉방의 상당 부분을 감당해주므로, 에너지 소비의 상당량이 심야 시간대로 이동한다.

그러나 이를 설계한 쿡+팍스(Cook+Fox) 설계사무소의 파트너 로버트 팍스(Robert F. Fox Jr.)는 "이 건물에 설치된 모든 첨단 시스템 중에서 건물의 지속가능성 측면에서 무엇이 가장 중요한가"라는 질문에 마치 부동산 업자에게나 들을 법한 대답을 내놓았다. 그의 대답은 첫째도, 둘째도, 셋째도 건물의 위치였다. "화석연료를 이용하는 자동차를 혼자 몰고 통근하는 세상은 더 이상 보기 어렵습니다. 교외에 3층짜리 건물을 지어놓았다면 많은 사람이 가까이에서 협력하며 작업하는 데 필요한 밀도와 대중교통에 대한 접근성을 확보할 수가 없어요."

맞는 말이다. 9·11 직후 페트로스키가 내놓았던 대범한 예측과는 정반대로, 많은 사람들이 SNS에 엄청난 시간을 소비하는 것처럼 보일지라도 (혹은 어쩌면 SNS에 많은 시간을 쓰기 때문에) 도시가 제공하는 사람들과의 접촉에 대한 욕구는 과거 어느 때보다도 높아져 있다. 초고층 건물도 그중 한 가지다. 사실 디지털 경제의 중심이라고 해도 과언이 아닌 구글조차 최근 맨해튼에 (겨우 15층짜리 건물이긴 하지만) 18억 달러짜리 새 사옥을 짓기 시작했다.

다들 알고 있듯이 사람들은 누군가를 만나기 위해, 혹은 일자리를 찾기 위해 도시로 몰려든다. CTBUH에 따르면, 전 세계적으로 대략 매주 100만 명의 인구가 도심으로 옮겨 간다. 우드는 말한다. "도시에 고층 건물이 많아질 수밖에 없어요." 필요한 일이 일어나고 있을 뿐이다.

# 5

# 재생 가능한 전력

# 5-1 분산 조달 에너지를 이용하는 21세기의 도시

데이비드 로버츠

스웨덴 스톡홀름 남쪽 지역인 하마비 셔스타드 주민들은 쓰레기를 그냥 내다 버리지 않는다. 이 지역 모든 건물에는 예전의 자동 현금 입출금기에서 입금하려는 현금을 빨아들이던 것 같은 공기 압력관들이 연결되어 있다. 공기 압력관에 들어간 가연성 폐기물은 이를 태워서 열과 전기를 만들어내는 열병합발전소로 보낸다. 또 다른 관에 투입된 음식물 쓰레기를 비롯한 유기물은 모아서 비료를 생산하는 데 쓴다. 그 밖의 쓰레기를 분류장으로 보내는 관도 있다.

한편 하수처리장으로 모인 하수는 비료의 원료로 쓰이는 부산물, 연료로 쓰이는 바이오가스, 이 부산물과 바이오가스를 이용하는 발전소의 냉각수 등으로 재탄생한다. 이런 내용을 설명하는 표를 보고 있자니 머리가 어지러워질 정도다. "에너지 효율과 재생 가능 에너지의 활용이라는 측면에서 지역 단위에서 할 수 있는 수준을 생각해본다면 놀라울 정도입니다. 믿기지 않아요." 《에메랄드 도시들(Emerald Cities)》(2010)의 저자 조앤 피츠제럴드(Joan Fitzgerald)는 감탄해 마지않는다.

다양한 에너지 효율 증진과 보존 방법이 자리 잡은 덕택에, 모든 것이 계획대로 완료되면 하마비 셔스타드 지구는 1인당 전력 소모가 스웨덴 평균 절반 수준에 불과할(이미 스웨덴의 1인당 전력 소비는 미국인의 75퍼센트에 불과하다) 것이며 필요 전력 절반 정도를 자체 생산할 것으로 보인다. 스웨덴의 도시에서 시도되는 이 대담한 도전은 에너지 분야에서 선진국 도시들의 목표를 한 단계 높여놓았다. 바로 '분산형 에너지'다.

분산 조달 에너지는 다양한 방식으로 구현이 가능하지만, 기본적으로 두 가지 방법을 이용한다. 첫째는 가급적 많은 에너지를 조금씩, 저탄소 에너지원의 형태로 에너지가 소비되는 지역에서 회수하는 것이다. 두 번째는 모든 사용 가능한 에너지를 교차 사용할 수 있도록 만들어놓는 것이다. 궁극적 목표는 21세기의 정치적·경제적 불안정성에 대비해 탄력적이고, 자생력을 갖는 도시를 만드는 것이다.

지역적, 저탄소 에너지라는 측면에서는 추가적 방법도 있다. 태양전지판 가격은 지속적으로 하락 중이고, 태양열발전소는 20~30메가와트 정도 규모까지 축소되어 도시에서도 소규모로 설치할 수 있는 수준에 이르렀다. 온수와 난방에 태양열을 직접 사용하는 수동형 태양열 에너지 기술은 이미 충분히 낮은 가격에 이용하도록 개발되어 있다. 이스라엘과 중국 더저우, 르자오 등지에서는 90퍼센트 이상의 건물에 수동형 태양열 온수기를 설치해놓았다.

난방과 온수 생산에 지열을 이용하는 기술도 이미 활용되고 있다. 아이다호 주 보이시에는 1983년부터 지열을 이용해서 난방을 공급하는 상업 지구가 있다. 2009년 주민 투표 결과, 이 시스템을 가정에까지 확장하기로 결정되었다. 미국 에너지부는 지열 에너지원에서 8킬로미터 이내에 위치한 271군데 도시가 지열을 이용해서 난방을 해결할 수 있다고 판단한다. 미국 남서부처럼 태양열이나 지열을 활용하기 어려운 곳에 있는 도시들도 바이오매스

(biomass)가* 풍부한 경우가 많다. 그리고 전 세계 모든 도시에서는 쓰레기를 이용해 전기와 바이오가스, 혹은 캘리포니아 주 오렌지 카운티의 보어만 쓰레기 매립장처럼 교통수단의 연료로 사용되는 액체 천연가스를 만들어낼 수 있다. 천연가스 연료전지도 가정용부터 구(區) 단위 규모로 사용할 수 있는 수준으로 실용화가 진행 중이다(최근 화제가 된 블룸 박스가** 좋은 예다).

*에너지로 사용할 수 있는 유기물의 총칭.

**Bloom Box : 다양한 연료를 이용해서 전기를 만들어내는 연료전지.

적어도 당분간은, 지금처럼 도시 인구가 계속 증가하는 상태에서 분산형 전력 생산 시스템이 현재의 대규모 화석연료발전소를 대체할 정도의 전력을 만들어낼 가능성은 거의 없다. 결국 분산형 에너지 생산 기술을 위해서는 에너지를 낭비 없이 활용할 방법을 찾아야 한다. 일부 분석에 따르면 미국 경제가 소비하는 에너지 가운데 3분의 2 이상이 낭비된다. 사실상 모든 도시에서는 '네가와트(negawatt, 효율적 사용을 통해 절감된 에너지의 양을 나타내는 이론적 단위)'가 가장 큰 에너지원이라고 할 수 있다.

에너지를 가장 효율적으로, 그것도 압도적으로 활용하는 최선의 방법은 첨단 기술도 아니고 멋져 보이지도 않는다. 다름 아닌 인구밀도다. 가까이 모여 살면 자연스럽게 효율이 높아진다. 자동차 대신 대중교통이나 도보, 자전거를 이용할 수 있고, 도시에서는 교외보다 통상적으로 주거 공간이 작아지므로 냉난방에 필요한 에너지도 줄어든다.

또 한 가지 방법은 낭비되는 엄청난 양의 열을 활용하는 것이다. 사실상 콜라 향 만들어내기부터 발전(發電)에 이르기까지 거의 모든 산업 공정에서 열이 부산물로 만들어진다. 이 열의 대부분은 그저 대기로 방출되거나 물로 식혀진 후 배출된다. 이 열을 이용해서 발전을 하거나 주변 지역을 난방할 수 있다. 한곳에서 만들어진 열을 여러 건물에서 난방에 사용하는 이른바 구역 난방 방식은 가장 오래된 방법인 동시에 가장 저렴하고, 세계적으로도 가장 많이 사용되는 분산 난방 방식이다. 뉴욕, 디트로이트, 앨라배마 주 버밍햄 등에는 이미 한 세기 이상 전에 구역 난방 시스템이 설치되었다. 오리건 주 포틀랜드를 비롯한 많은 도시가 지금도 이들의 뒤를 따른다. 포틀랜드지속가능성연구소(Portland Sustainability Institute) 롭 베넷(Rob Bennett)의 설명에 따르면 "저렴하고, 친환경적이고, 장기적으로 비용이 안정되어 있으며, 설치 비용도 낮다"는 것이 장점이다.

그러나 가장 효율을 극대화하는 궁극적 방법은 인간의 창의력에 의존하는 것이다. 그래서 정보 기술의 활용이 중요해진다. 콘크리트·강철·석유·석탄·물 가격이 올라가도 언제나 낮은 가격을 유지하는 중요한 자원이 있다. 바로 컴퓨터 성능이다. 센서와 칩의 크기는 점점 줄어들고, 가격이 낮아지면서도 성능은 향상되기 때문에 앞으로 그러한 것들이 전력 분배 시스템(지능형 전력망)뿐 아니라 수많은 기기, 건물, 차량, 공공시설 등에 통합될 것이다.

콜로라도 주 볼더와 텍사스 주 오스틴에 지능형 계량기 몇천 대가 설치되면서 이미 이런 움직임이 시작되었다. 오스틴의 피칸 대로(大路) 프로젝트는 주택을 통신 시스템으로 연결해서 전기 자동차가 자동적으로 전기 가격이 가장 저렴한 시간에 충전되도록 해주는 것이다. "자동차들 사이의 정보 교환을 위해 만들어진 통신 표준은 향후 가정에서 사용되는 모든 종류의 에너지 관리에도 적용될 겁니다." 오스틴에너지사(Austin Energy) 분산 발전부 부장 래리 앨퍼드(Larry Alford)의 설명이다. 건물과 주택의 전기 저장 기술이 개선되면 지능형 전력망의 효율성은 더욱 높아질 것이다. 앨퍼드는 말한다. "그렇게 되면 전력망의 보안, 안정성, 전기 품질이 모두 향상됩니다."

에너지를 지역에서 자체적으로 조달하는 방식의 장점을 정량적으로 표현하기는 어렵지만, 이런 방식이 주민들이 더욱 능동적으로 행동하게 만드는 것은 분명하다. 쓰레기를 분리해서 버리고, 각자의 에너지 소비를 관리하는 방식으로 주민들도 이 과정에 동참한다. 피츠제럴드는 말한다. "시민의 자부심을 기반으로 이루어나갑니다. 그건 분명히 보입니다. 그러고 나면 다음 단계는 더 손쉬워지겠지요."

한곳에서 에너지를 생산해서 모든 곳으로 보내는 방식과 지역 내부에서 필요한 에너지를 조달하는 방식은 많은 면에서 메인프레임컴퓨터와 PC나 스마트폰의 관계와 비슷한 면이 많으며, 개개인이 더 많은 책임과 권리를 갖는다는 면에서 동일한 효과를 보인다. 더 많은 사람들이 정보 기술을 활용하게 만들면 혁신과 다양한 실험이 폭발적으로 증가한다. 분산 조달 에너지 기술의 보급이 도시가 새로운 형태로 혁신하는 데 배경이 될 수 있다면, 20세기식 불안정한 에너지 시스템은 과거의 유물이 되고, 훨씬 유연하면서도 자생력이 있는 지속 가능한 번영을 맞이할 것이다.

# 5-2 지능형 전력망이 겪어야 할 성장통

데이비드 비엘로

스위치를 켰는데도 불이 들어오지 않는 것보다 나쁜 일은 딱 한 가지, 불이 들어왔다가 금방 나가버리는 경우뿐이다. 전구가 나가는 현상은 세계에서 가장 거대한 기계인 미국의 전력 전송 시스템의 신뢰성을 상징적으로 보여준다.

하지만 이 정도 신뢰성이 문제가 아닌 시대가 왔다. 오바마 행정부를 비롯한 여러 의견에 따르면, 미국의 전력망은 더 많은 전기 수요에 대응해서 더 많은 양의 전기를 안전하고 확실하게 보낼 수 있도록 대대적 개보수 작업이 필요한 상태다. 뉴욕에서 있었던 지능형 전력망 행사에서 뉴욕 주 지능형 전력망 컨소시엄(New York State Smart Grid Consortium) 회장 로브트 카텔(Robert Catell)은 안타까워하며 말한다. "알렉산더 그레이엄 벨(Alexander Graham Bell)이 오늘날 다시 돌아온다면, 통신 분야에서 지난 125년간의 진보가 과연 무엇이었는지 혼란스러워할 겁니다. 토머스 에디슨(Thomas Edison)이 오늘로 돌아온다면 문제점이 무엇인지 파악하는 건 물론이고 아마 해결책도 내줄 겁니다."

이는 전혀 놀랄 만한 일이 아니다. 미국에서 지금의 전력 전송망이 완성된 것은 대체로 1970년대이고, 설비 대부분은 1920년대부터 쓰던 것들이다. 1992년 반독점법에 의해 전력 독점 제도가 와해된 뒤, 많은 전력 회사들이 전력망에 더는 투자를 하지 않았으므로 지금의 끔찍한 상태가 되었다. 전력 전

## 5-2

송망을 개보수하려면 향후 몇십 년간 비용이 최대 1조 달러 필요할 것으로 예상된다. 미국 에너지부 주도로 21개 주에서 실시된, 32가지 시범 과제가 포함된 지능형 전력망 초기 시범 사업에만도 110억 달러가 투입되었다.

누가 질문하는가에 따라 지능형 전력망의 정확한 의미가 달라진다. "지능형 전력망의 핵심은 무엇일까요?" 뉴욕대학교 공과대학 전기공학과의 파사드 코라미(Farshad Khorrami)가 어느 행사에서 청중에게 물었다. 그의 답은 이랬다. "전력망의 제어 시스템." 한마디로, 정보통신 기술에서 이룬 혁신을 전력 시스템에 적용해, 컴퓨터가 통신망과 제어 시스템을 이용해 전력 시스템이 더욱 생산적 에너지 기술이 되도록 만드는 것이다.

### 전력망 어디에나 있는 감지기

코라미에 따르면, 이는 새로운 쌍방향 센서를 전력망 전체에 부착해서 전압·전류·전력·온도·압력·바람·햇빛·이상·설비에 가해지는 무리한 영향·고장·해킹 등을 찾아내는 것을 의미한다. 그는 이렇게 설명한다. "비행기 조종사가 조종실에서 나와도 비행기가 무리 없이 날아가듯이 전력망도 알아서 동작하게 하려는 겁니다. 또한 지능형 전력망은 인터넷에 컴퓨터가 추가로 접속된다고 해서 나머지 컴퓨터에 무리가 가지 않듯이 태양전지판을 지붕에 설치하는 식으로 누군가 발전기를 추가해도 무리가 없어야 합니다."

사실 지능형 전력망에서 가장 중요한 부분은 주택 내부에 위치한다. 워싱턴D.C.에 있는 에디슨전기협회(Edison Electric Institute, 이하 EEI) 소장 토마스

쿤(Thomas Kuhn)이 2009년 EEI 행사에서 했던 말을 빌리면, "계량기는 발명된 후 별로 변하지 않았다." 뉴욕 시에 있는 콘솔리데이티드에디슨 전력 회사의 기술 담당 수석이자 전기 엔지니어 레자 가푸리언에 따르면 실제로 전국의 가정, 사무실, 기업에 설치된 1억 3,000만 대의 전기기계식 계량기는 "만들 때부터 한물간 기술"이었다. 사실 각 가정에서 소비된 전력을 kWh 단위로 기록한다는 점에서 지금의 계량기는 1888년 엘리휴 톰프슨(Elihu Thompson)이 발명한 계량기와 기본적으로 다르지 않다.

소비자들은 전기를 kWh 단위로 구매하지도 않고, 심지어 전기 자체를 구매하지 않는다. 쿤은 오히려 소비자들이 구입하는 건 "편의"라고 지적한다. 카텔은 이렇게 표현했다. "일반 가정에서는 전등이 제대로 들어오는지, TV가 정상적으로 동작하는지, 냉장고에 있는 음료수가 시원한지에 관심이 있습니다. 폭증하는 에너지 소비에 대응하는 가장 효과적 수단은 관련 지식과 정보가 있는 소비자를 확보하는 것이고, 그런 면에서 지능형 전력망은 소비자를 교육할 최선의 방법입니다."

### 다양한 정보를 보여주는 지능형 계량기

더 구체적으로 보면 지능형 계량기와 더불어, 전기 소비량을 이웃과 비교해 주고 전기 값이 저렴해서 세탁기 가동에 가장 적합한 시간이 언제인지 알려주는 등 사용자의 에너지 사용 내역을 모두 보여주는 디스플레이가 최고의 교사라고 할 수 있다. 워싱턴 주 리치랜드에 있는 퍼시픽 노스웨스트국립연구소

(Pacific Northwest National Laboratory)가 주도한 올림픽 반도 프로젝트 같은 지능형 전력망 시범 사업에서는, 이런 정보가 있을 때 소비자들이 평균 10퍼센트 정도 전기를 덜 사용했다는 점이 드러났다. 112가구를 대상으로 시작한 이 프로그램은 향후 5년간 미국 북서부 지역 6만 가구까지 확대 실시될 예정이다. IBM사의 소규모 건물 연구 담당 부장으로 이 프로그램에 참여한 제인 스노든(Jane Snowden)은 말한다. "기술은 이미 확보되어 있습니다."

지능형 전력망으로 가장 혜택을 보는 곳은 전력 회사들이다. 올림픽 반도 프로젝트(Olympic Peninsula Project)는 최대 전력 사용량을 15퍼센트 줄였고, 메릴랜드 주 볼티모어의 콘스틀레이션에너지사(Constellation Energy)가 실시한 유사 프로그램에서도 색이 변하는 전구를 이용해 소비자들에게 단지 전기 가격을(결국 전기 수요를) 알려주는 것만으로도 최대 전력 사용량이 최소 22퍼센트에서 최대 37퍼센트까지 줄었다. 이는 콘스틀레이션에너지사 CEO 마요 섀턱(Mayo Shattuck)이 알려준 사실이다. 그러므로 1년에 한 번 정도, 불과 두 시간에서 네 시간 정도나 있을 최고 전력 수요 발생 상황에 대비해 만들어 놓은 불필요한 배전용 전선이나 변전소 등의 중복 요소를 제거하게 된다. 이런 시설은 전력 회사로서는 비용이 많이 투입되는 부분들이기도 하다. 콘솔리데이티드에디슨 전력 회사의 가푸리언은 "예비 설비를 설치할 필요가 없어진다"고 설명한다.

또한 지능형 전력망은 전기 소비를 미연에 막는 효과도 있다. 미국 에너지부의 예측에 따르면 2035년까지 미국의 전기 소비는 매년 최소 1퍼센트씩 증가할 것이다. 2008년 3조 8,730억kWh이던 사용량이 2035년이 되면 5조 210억kWh에 이른다는 말이다. 전 세계적으로는 17조 3,000억kWh에서 33조kWh로 두 배 가까이 늘어난다. 만약 전기 자동차가 빠르게 보급된다면 이보다 더 급격하게 증가할 수도 있다. 북서 캘리포니아 지역 전력 회사인 퍼시픽가스앤드일렉트릭사(Pacific Gas and Electric Company)의 지능형 전력망 담당 고위 엔지니어 앤드루 탱(Andrew Tang)은 2009년의 EEI 행사에서 자동차 회사들이 이미 최소 35개의 전기 혹은 플러그인 하이브리드 자동차를 출시했다는 사실을 예로 들며 "실제로 그렇게 되어간다"고 말한다.

### 지능형 전력망의 몇 가지 문제점

하지만 지능형 전력망은 이미 어려움에 처했다. 캘리포니아 주에서 퍼시픽가스앤드일렉트릭사가 설치한 지능형 계량기 550만 대의 부정확성 때문에 최고 300퍼센트나 전기 요금이 더 부과되는 바람에 집단소송이 제기된 것이다. 전력 회사는 이미 합의된 기준에 따른 요금 인상이었고, 2008년 여름의 심한 더위로 인해 전기 소비량이 많았을 뿐이었다고 주장하면서도 계량기 몇천 대가 제대로 설치되지 않아 통신 오류를 비롯한 여러 문제가 일어났음을 인정했다. 이런 문제가 반복되면 소비자들이 등을 돌릴 가능성이 높다. 뉴욕 주 웨스트체스터 카운티에서 진행된 지능형 가정 시범 프로그램에서는 거의 대부분의 가정에서 전기 요금이 절감되었는데도 30퍼센트 가까운 가구가 이 프로그램에서 탈퇴했다.

궁극적으로 보면 결국 모든 비용은 소비자가 부담하게 된다. 지능형 전력망에 연결된 소비자가 전기 요금을 절감할 수 있을지, 아니면 적어도 현재 수준을 유지할 수 있을지는 "아직 확실치 않다"는 것을 콘솔리데이티드에디슨사의 지능형 전력망 기술 담당 부사장인 오브리 브라스(Aubrey Braz)도 인정한다.

### 전기 생산과 소비의 균형

지능형 전력망이 해결해야 할 큰 문제 가운데 하나는, 전기는 생산 즉시 판매되어야 하는 상품이라는 점이다. 전기는 생산과 동시에 소비된다. 오리건 주 포틀랜드의 보너빌파워오소리티사(Bonneville Power Authority) 회장 스티븐 라이트(Stephen Wright)는 주장한다. 전기는 수요와 공급이 아주 잘 맞아떨어져야 하는 동시에 하루에도 계속 수요와 공급이 변한다는 사실만으로도 "전력망을 운용하기가 우주선을 발사하는 것보다 힘듭니다."

전력 회사들은 보통 일부 발전 설비를 대기 상태에 두는 방법, 이른바 예비 발전으로 최대 전력 수요를 맞춘다. 지능형 전력망에서 전기 수요와 공급을 더욱 상세히 관찰하면 전혀 추가 비용을 들이지 않고도 화석연료 소비량을 줄일 수 있다. "우리 회사에서는 약 16퍼센트의 발전기를 예비로 돌립니다. 소비할 수도, 저장할 수도 없지만 그저 만약을 위해서지요."

미네소타 주 미니애폴리스에 본사를 둔 엑셀에너지사(Xcel Energy)는 콜로라도 주 볼더에서 지능형 전력망을 운용 중이다. 이 회사의 정보 담당 최고 임원을 맡았던 마이크 칼슨(Mike Carlson)은 말한다. 지능형 전력망은 "발전기를 항상 돌리지 않고 수요와 공급을 맞추어 이를 절반으로 줄일 수 있습니다."

센서, 지능형 계량기, 기타 스마트 기기를 미국 전역 몇십만 킬로미터에 달하는 전력망에 설치하는 데는 몇십 년이 걸린다. "지능형 전력망이 완성되면 실제로 얼마나 효과가 있을까요?" 뉴욕대학교에서 열린 행사에서 미-중 청정에너지협력위원회(Joint U.S.-China Collaboration on Clean Energy)의 에너지 스마트 시티 추진 담당 책임자 스티븐 해머(Stephen Hammer)가 청중에게 물었다. "비용은 얼마나 들까요? 자동차 효율 개선에 투자하는 것보다 바람직한 방법일까요?"

예를 들면 엑셀사와 협력업체들은 콜로라도 주 볼더의 지능형 전력망 도시 시범 사업에만 1억 달러, 즉 가입자당 2,000달러를 투자했다. 칼슨은 가입자당 적어도 500달러 수준으로 비용을 떨어뜨려야 한다고 지적한다. "이런 비용은 지속 가능하지도, 도입할 수도 없는 수준입니다. 어디엔가 효과가 있다는 건 분명합니다. 문제는 그 비용을 감당할 가치가 있느냐는 거지요."

궁극적으로 맞닥뜨리는 비율이 있다. 샌프란시스코 아더랩사(Other Lab)의 기계공학 엔지니어 솔 그리피스(Saul Griffith)는 빛 1와트를 만들어내려면 대략 석탄 400와트를 태워야 한다고 이야기한다. 이 비율이 개선되지 않으면 지능형 전력망이 풍력 등의 더욱 다양한 에너지원을 이용하게 해주건, 전력 생산에 있어서의 태생적 비효율을 제거해주건 간에 아무런 의미가 없다.

# 5-3 가정용 태양전지와 전력망 안정화

조지 머서

태양전지는 전력망에 전기를 공급하는 것 이상의 역할을 할 수 있다. 이를 전력망에 적절히 이용하면 많은 사람들이 모르고 있는 문제를 극복하는 데 도움이 된다. 전기 기기는 전기를 소비할 뿐 아니라 순간적으로 전기를 저장했다가 방출하기도 한다. 범인은 모터와 변압기로, 내부에 형성된 자기장이 상당한 양의 에너지를 순간적이나마 저장하기 때문에 일종의 전기적 관성이 생겨 전력망과의 동기(同期)가 유지되지 않는다. 이 문제와 대응 방법을 알기 쉽게 설명하기 위해 엑슬렌트에너지테크놀로지사(Xslent Energy Technologies) 아널드 매킨리(Arnold Mckinley)의 도움을 받았다.

태양에너지를 이용하면 이산화탄소 발생을 줄일 수 있고, 다양한 곳에서 발전(發電)이 가능하며, 국가적으로 해외 석유에 대한 의존도를 낮출 수 있다. 이러한 사실은 누구나 잘 알지만, 태양열이 전력망의 안정성을 높일 수 있다는 사실을 아는 사람은 드물다. 전력망은 상당히 성질이 고약하다. 발전기들이 손상되지 않게 하고, 주파수와 전압이 규정 수준에 들어 사용자의 컴퓨터가 순간적 전기 충격으로 고장 나는 등의 사고를 방지하려면 상당히 세심하게 감시하고 유지해야 한다. 하지만 전기의 품질을 유지하기 위해 어마어마한 시설이 그 뒤를 받치고 있다는 사실을 미국에서는 누구나 당연시한다.

전력망이 불안해졌을 때의 결과는 매우 심각하다. 1982년과 1996년 서부 지역을 덮친 대정전 사태 때는 600만 명이 양초에 의지해서 버텨야 했다. 1977년의 그 유명한 뉴욕 대정전은 뉴욕 시에 커다란 상처를 남겼다. 2003년의 미국-캐나다 대정전 때는 6,000만 명이 영향을 받았다. 2004년에 미국-캐나다 합동조사위원회(U.S.-Canadian Task Force)가 이 사태들을 분석해서 찾아낸 공통점은 과도한 무효전력(reactive power) 수요가 공급량을 초과했다는 사실이었다.

무효전력이란 용어를 들어본 사람은 별로 없을 것이다. 과연 무효전력이란 무엇이고, 어떤 경우에 필요하며, 왜 이전에는 문제가 되지 않았을까? 태양열은 미래의 대정전 사태를 방지하는 데 어떻게 도움이 될까?

가정에서는 유효전력(active power)을 기준으로 전기 요금을 계산한다. 여기에는 수학적인 이유도 있다. 유효전력은 가정에서 불이 들어오게 하거나 에어컨의 냉매를 압축하고, 전자 기기를 동작시키는 등 실질적 에너지를 전달하기 때문에 다른 말로는 '실제' 전력이라고도 한다.

그러나 유효전력이 흐를 때면 동시에 무효전력도 함께 흐른다. 형광등에 불이 들어오고, 컴퓨터 전원부가 동작하고, 압축기와 펌프 모터가 회전하는 것도 모두 무효전력 덕분이다. LCD TV, 전기 자동차 등 최신 전기 기기들은 무효전력 수요를 늘리므로 전력 전송에 반갑지 않은 존재다. 그래서 유럽연합과 미국 정부는 제조사들에게 무효전력을 획기적으로 절감할 것을 요구하기 시작했다.

전력은 전압과 전류를 곱한 것이다. 전력은 평균값이 양수이고 부하(負荷)

에 전달된 에너지를 나타내는 유효전력과, 평균값이 0이고 전송망과 부하 사이에 오간 에너지의 양을 나타내는 무효전력 두 가지 요소의 합이다. 즉 무효전력은 전송선에서 부하 방향으로 에너지가 흘렀다가 반대 방향으로 흐르는 동작을 매 주기마다* 반복한다.

*교류 주파수의 주기. 대한민국에서는 1초에 60번이다.

전체 전력은 킬로볼트암페어(kVA) 단위로 측정되고, 유효전력은 킬로와트(kW), 무효전력은 킬로볼트암페어리액티브(kVAr) 단위를 이용해서 표현된다. kW와 kVA의 비율을 역률(power factor)이라고 한다. 역률이 1이면 kVA 전력 모두가 유효전력이고, 0이면 kVA 전력 모두가 무효전력이 된다. TED 5000 같은 가정용 에너지 감시 장치는 이 값을 표시해준다.

무효전력은 다음과 같은 두 가지 이유에서 문제가 된다.

1. 전력 전송선에서의 실질적 전기 흐름을 방해한다. 한마디로, 전송선에 에너지가 오가면서 유효전력이 전송될 능력이 줄어든다.
2. 무효전력이 과도하면 전압이 꽤 떨어질 수 있다. 예를 들면 전압을 118V에서 117V로** 떨어뜨릴 정도의 유효전력량과 크기가 같은 무효전력은 전압을 118V에서 108V까지 떨어뜨린다. 이 정도면 어떤 기준에 따라 보아도 전압 강하가 일어난 상태다.

**미국의 가정용 표준 전압은 120V.

전통적으로 전기는 회전하는 바퀴를 이용해서 만들어진 뒤, 연결된 전력망을 통해 보내진다. 대규모 발전기에서 만들어진 전력이 발전소에 연결된 부하에 나누어 전달되는 것이다. 경우에 따라서는 에너지가 실제로 사용되기까지 500~1,000마일에 이르는 상당히 먼 거리를 이동한다. 이런 방식은 변화하고 있다. 태양열과 풍력이 여러 곳에서 전기를 만들어내기 때문에, 전력 전송망은 개념적으로 볼 때 일률적으로 움직이는 바퀴라기보다는 그물망 같은 모습이 되어간다. 결과적으로 지금도 이미 전기를 별 탈 없이 보내기가 쉽지 않은 상황인데, 이것이 더 어려워진다. 최근 이 문제에 대한 두 가지 대응책이 개발되었다. 첫째는 새로운 마이크로인버터(microinverter)이고, 두 번째는 지능형 전력망을 서로 연결하는 것이다.

태양전지판에서 만들어지는 전기는 직류(DC)이고, 이 전기를 교류(AC)로 바꾸어주는 장치가 인버터(inverter)다. 대부분의 인버터가 동작하는 데는 필요한 최소 전압이 있으므로 태양전지판을 여러 개 직렬로 연결해서 전압을 높인다. 그러나 그간의 적용 사례에서 얻은 결과를 보면 이 방식은 최선의 방법이 아닌 것으로 드러났다. 구름 때문에 태양전지판 중 일부가 햇빛을 받지 못하면 전체 효율이 급격히 떨어진다. 또한 각각의 태양전지판마다 전기적 특성이 조금씩 달라서 일어나는 불일치가 전체 효율을 떨어뜨린다. 결국, 전체 태양전지판에서 만들어진 전압이 너무 낮으면 인버터가 동작하지 않게 되므로 비가 오거나 흐린 날에는 전혀 전기가 만들어지지 않는다. 이 문제를 해결하려면 태양전지판마다 낮은 전압에서도 동작하는 별도 인버터를 부착해야 하는데 이를 마이크로인버터라고 한다. 마이크로인버터는 태양전지판에 햇빛이 비치면 바로 동작을 시작하고, 전지판의 전기적 특성에 맞추어 동작한다.

그런데 마이크로인버터가 무효전력을 만들어낼 수 있다면, 현재 유효전력에서 하듯이 무효전력이 소비된 후 남는 무효전력을 전력 전송망으로 보낼 수 있으므로, 결과적으로 전력 회사들에 도움이 된다.

통상적 인버터와 마이크로인버터가 처음 개발될 당시에는 무효전력 생산 기능은 전혀 고려의 대상이 아니었다. 소비자는 사용한 유효전력에만 전기 요금을 지불하므로, 가능한 많은 유효전력을 생산하는 데 개발의 초점을 두는 것이 당연했다. 지금은 태양전지판이 무효전력을 만들어내면 전력 전송망의 안정성이 높아진다는 사실이 분명해졌기 때문에, 최근 개발되는 마이크로인버터는 유효전력과 무효전력 모두를 만들어내도록 되어 있다. 여기서는 물리학이 중요한 역할을 한다. 무효전력을 만들어내는 데는 에너지가 필요하지 않으므로, 유효전력을 희생하거나 추가적 태양전지판 없이도 인버터의 무효전력 생산이 가능하다.

유효전력에 영향을 주지 않고 무효전력을 만들 수 있다는 말을 처음 들었을 때 필자는 굉장히 놀랐다. 전형적인 태양전지 발전 설비의 이틀간의 전력 생산량을 보여주는 그림을 보면 이것이 허황된 이론이 아니라 분명한 사실임을 알 수 있다. 첫째 날, 마이크로인버터는 유효전력과 무효전력 모두를 만들도록 설정되어 있다. 이틀째 되는 날에는 유효전력만 생산하도록 되어 있었으나 유효전력 생산량은 이 설정에 전혀 영향을 받지 않았다.

과거에 무효전력을 만드는 마이크로인버터가 만들어지기 어려웠던 이유는 에너지를 순간적으로 저장하는 데 필요한 부품인 축전기가 무거웠기 때문이다. 하지만 교류 전기의 파형을 바꾸는 새로운 설계를 통해서 이 문제를 극복하는 데 성공했다. 그 결과 마이크로인버터의 크기와 가격이 모두 크게 내려갔다.

게다가 마이크로인버터도 지능형 계량기처럼 전력망에 설치된 다른 기기와 통신하는 방향으로 발전하고 있다. 통신망에 연결된 마이크로인버터에 대한 정보는 인터넷 브라우저를 이용해서 볼 수 있으며, 일부 기기는 쌍방향 통신 기능도 제공하므로 외부에서 유효전력/무효전력 생산 비율을 조절하는 것도 가능하다. 이 비율을 온라인으로 즉시 조절하는 것이 언제나 가능해지므로, 전기 요금 체계에 따라(궁극적으로는 무효전력도 요금에 포함될 때가 오겠지만) 소비자에게 최대의 이익이 돌아가도록 비율을 설정하게 된다. 이런 지능형 체계가 만들어지면 개별적 발전 설비를 전력 전송망과 분리하여 독자적인 소규모 전력망을 구축할 수 있으므로, 전기가 필요한 곳에서는 직접 전기를 만들어 사용할 수 있게 된다.

# 5-4 폐수에서 얻는 청정에너지*

제인 브랙스턴 리틀

산타로사 주민들은 변기의 물을 내리면 전등을 켤 만한 전기가 적립된다. 캘리포니아 주에 있는 이 도시에서는 어제 내린 변기 물이 오늘은 전기가 되어 돌아온다.

*사이언티픽 아메리칸 10권 《과학과 물 관리(The Science of Water Management)》(2017), 4-4, 12권《에너지의 과학(The Future of the Energy)》(2017), 6-1에도 수록되어 있다.

산타로사 시와 에너지 회사 캘파인(Calpine)은 지열을 이용하는 세계 최대 규모의 하수-전기 생산 프로젝트를 함께 진행하고 있다. 도시 폐수를 이용해서 주민뿐 아니라 어류의 생활환경도 개선하는 청정에너지를 만들어낸다. 시 입장에서는 러시안 강에 폐수를 배출할 때 부과하던 벌금을 폐지했고, 4억 달러에 이르는 새 하수 저장시설도 건설할 필요가 없어졌다. 캘파인은 과도하게 이용되던 지열발전소를 새롭게 정비할 수 있게 되었다.

산타로사 가이저 충전 프로젝트(Geysers Recharge Project)는 매일 처리된 폐수 1,200만 갤런을 파이프 라인을 통해서 40마일 떨어진 산꼭대기로 보내고, 이 물을 지하 1~1.5마일 깊이에 있는 대수층(帶水層)에 부어 넣는다. 지하에 있는 뜨거운 암석이 물을 데워 증기로 만들고, 이 증기가 관을 통해 지상으로 나와 발전기를 돌리는 것이다. 이웃한 레이크 카운티에도 하루 800만 갤런의 폐수를 이용하는 비슷한 시설이 있다. 이 두 시설에서는 200메가와트의 전기(보통 크기의 화력발전소 출력과 비슷한)를 아무런 온실가스나 오염물질을 배출하지 않으면서 만들어내고 있다. 만들어진 전기의 일부는 남쪽으로 70마일 떨어진 샌프란시스코까지도 보낸다.

오바마 행정부는 지열이 청정에너지원이라고 홍보한다. 미국 에너지부는 이 방법으로 2050년에는 전체 전력의 10퍼센트를 공급할 수 있다고 하며, 일부에서는 이보다 더 높게 보기도 한다. 하지만 그러려면 여기저기에서 땅을 뚫는 계획은 물론이고, 증기를 뽑아내는 과정에서 발생하는 소규모 지진에 대해서도 고려할 필요가 있다. 사실 캘파인의 프로젝트가 실시되는 곳 주변 주민들은 땅이 빈번하게 흔들리고 있다고 말하고 있으며, 비슷한 지열 발전이 근방에 추가되면 문제가 더 악화할 것으로 우려한다. 그러나 산타로사 시 시설 담당 부국장 댄 칼슨(Dan Carlson)은 시 입장에서는 장점이 많다고 이야기한다. 그리고 캘파인과 공동으로 사업을 추진한 덕분에 엄두조차 내기 어려웠던 대규모 공익 사업을 효과적으로 진행하게 되었다고 말했다. 다른 지방자치단체들도 유사한 지열 발전을 고려 중이다. 칼슨은 "지역마다 특색이 있습니다. 저희가 얻은 교훈은 각 지방자치단체마다 적합한 방법을 찾아야 한다는 겁니다"라고 이야기했다.

### 버리지 말고 모아서 쓰기

산타로사 시에는 특이하게도 화산 분기공(증기가 새어 나오는 바위 속 구멍)이 널려 있는, 간헐 온천(Geysers)이라는 이름으로 잘못 붙여진 가이저 지역이 있다. 마야카마스 산맥에서 뿜어져 나오는 증기는 시내에서도 보이지만, 최근까지는 그저 멀리 보이는 풍경에 불과할 뿐이었다. 1993년 산타로사 시는 멸종 위기에 있는 은연어와 스틸헤드 송어가 서식하는 러시안 강에 폐수를 불법적으로 버렸다가 주 당국으로부터 예산 집행 정지 명령을 받아 지불유예를 선언해야 할 상황에 처했다. 시 공무원들은 적당한 비용으로 주 정부의 환경기준에 맞는 폐수 저장 및 처리 시스템을 마련할 궁리를 했다. 마야카마스 산맥 너머 레이크 카운티 공무원들도 불법 폐기물을 캘리포니아 최대의 담수호인 클리어 호에 폐기했다가 주 정부로부터 유사한 지시를 받았다. 설령 법적으로 문제가 없다고 해도, 폐수에는 분명히 수중 생물에게 해로운 성분이 포함되어 있다.

두 지역 사이의 높은 산 위에서 캘파인 지열 사업부 임원들도 진퇴양난에 빠져 있었다. 지열로 전기를 만들어내면서 지하의 에너지가 자연적으로 감소하는 속도보다 빠르게 줄어들고 있었다. 캘파인의 발전 설비는 말 그대로 땅에서 솟아나는 증기로 동작하는 것이었다. 회사는 증기가 뿜어져 나오는 곳에 주입해서 다시 증기 분출량이 늘어나게 해줄 수자원을 애타게 찾고 있었다.

캘파인이 산타로사 시, 레이크 카운티와 제휴를 맺으면서 한 가지 해결책으로 세 곳 모두 문제를 해결할 수 있게 되었다. 그건 바로 폐수를 물이 필요한 곳으로 옮기는 것이었다. 현재 세계 최초로 재활용한 물을 전기로 바꾸는 프로젝트가 레이크 카운티에서, 세계 최대의 프로젝트가 산타로사에서 확장 기회를 기다리고 있다. 레이크 카운티는 파이프라인을 클리어 호 너머까지 연장해서 레이크포트를 비롯한 다른 지역의 폐수도 끌어오려고 계획하고 있다. 이웃한 윈저는 2008년 11월, 하루 70만 갤런의 폐수를 산타로사 파이프라인에 공급하기로 30년 계약을 맺었다.

두 카운티 관계자들은 이 프로젝트가 환경 측면에서 성취한 성과에 흡족해 하고 있지만, 규제와 재정적 측면에서 확보한 안정성에도 아주 만족해한다. 칼슨은 말했다. "이건 사업적인 결정이었습니다. 더 저렴한 해결책이 있다면 우리와 캘파인사 모두에게 좋은 일이지요."

### 새로운 산업의 발상지

가이저 지역에서 증기의 양이 줄어든 것은 지난 몇 년에 걸쳐 이를 과도하게 이용했기 때문이다. 산 안드레아스 단층대 동부에 위치한 가이저는 수천 년 동안 증기를 뿜어내고 있다. 지하 5마일 이상의 깊이에 있는 거대한 마그마가 암석층을 달구고, 이 경사암(硬砂岩) 지대에 고인 물이 끓으면서 증기가 되어 겹겹이 쌓인 바위 층 사이의 가느다란 틈을 통해서 분출되는 것이다.

*간헐 온천이라는 의미.

1847년 대규모 측량팀의 일원이던 윌리엄 벨 엘리엇(William Bell Elliott)이 이곳에 가이저라는* 이름을 붙였다. 사실 그가 본 것은 가끔씩 뜨거운 물을 장대하게 뿜어내는 간헐 온천이 아니라 분기공(噴氣孔)이었다. 하지만 그가 잘못 붙인 이름이 자리를 잡게 되었다. 이곳 발견에 관한 이야기는 J. P. 모건, 율리시즈 그랜트 대통령, 시오도어 루스벨트 대통령을 비롯한 수많은 관광객을 끊임없이 불러들였다.

그러다가 1930년대 중반에 일어난 호텔 화재, 산사태, 전쟁으로 인해 관광객이 급감했다.

방문객의 발길이 끊이지 않아 주민들이 마치 '끓는 천사'가 있는 것처럼 느끼던 시절, 존 그랜트(John D. Grant)가 가이지에 미국 최초의 지열발전소를 건설했다. 완공된 해는 1921년이었다. 파이프에 구멍이 나고 지하에 파이프를 박는 과정에서의 어려움에도 불구하고 그랜트는 250킬로와트의 전기를(가이저 리조트의 거리와 건물을 밝히는 데 충분한 양) 만들어내는 데 성공했다. 1960년에는 기술 발전 덕택에 대규모 지열 발전이 경제성을 갖게 되었다. 암석층을 뚫고 파이프를 땅속에 박아 증기를 꺼내는 방법으로 퍼시픽 가스 전기 회사는 11메가와트의 발전소를 운영했다. 다른 회사들도 1970년대와 1980년대에 발전소를 추가로 건설했다. 가이저에서의 발전량은 1987년에 2,000메가와트로 정점을 찍었는데, 이 정도면 200만 가구의 수요를 감당하고도 남는 수준이었다. 캘파인이 지열 사업에 뛰어든 것은 1989년으로, 현재 이 회사는 가이저의 40제곱마일 넓이의 비탈에 분포한 수많은 증기 배출구 사이에 자리한 발전소 21곳 중 19곳을 운영 중이다.

### 줄어드는 증기

이처럼 땅을 파서 증기를 끌어내는 데는 대가가 있게 마련이다. 강수량은 뽑아낸 증기량을 메울 정도가 못 됐다. 1999년이 되자 발전량이 급격히 감소해서 캘파인의 임원들은 땅속에 주입할 물을 구할 방법을 찾아야만 했다. 2억

# 지열의 활용 방안

가이저에 정화된 폐수(왼쪽)를 주입한다. 가이저 아래에는 마그마가 있어서 주입된 물이 수증기로 변한다. 그 수증기를 분출구(오른쪽)를 통해 뽑아내면 수증기가 분출되면서 터빈을 돌려 전기를 생산한다. 수증기는 식으면 다시 물로 응축되어 지하로 주입된다.

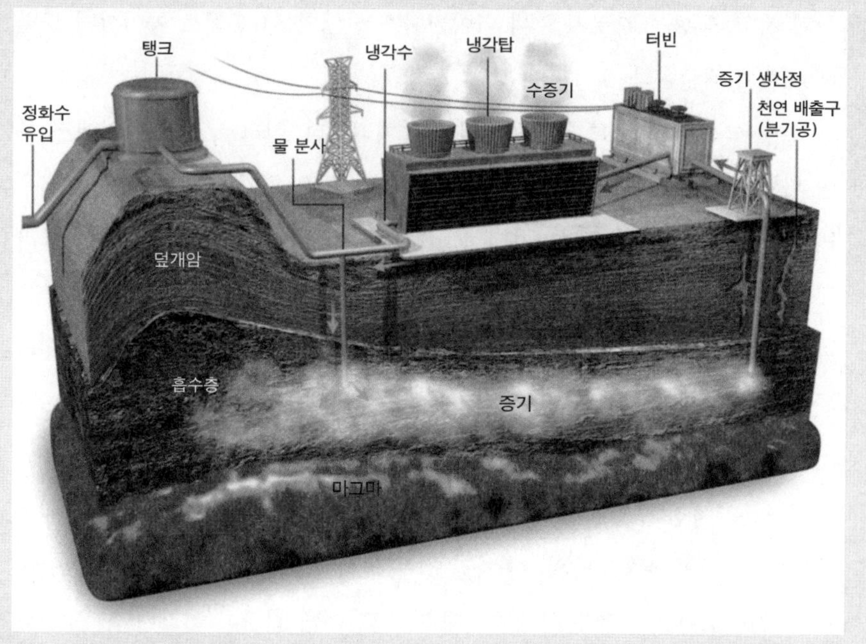


일러스트 : Don Foley

## 5-4

5,000만 달러가 소요되는 산타로사 프로젝트는 산맥 반대편의, 증기 발생 지역에 더 가까이 위치한 레이크 카운티보다 기술적으로 훨씬 어려운 과제였다. 폐수를 산타로사에서 가이저까지 가져오려면 파이프라인이 시가지 아래와 주거 지역, 들판을 가로지른 뒤 마야카마스 산맥의 3,000피트 높이까지 도달해야 했기 때문이다.

파이프라인은 되도록 눈에 안 띄게 설치되었다. 산타로사 시의 가이저 운영 담당자인 마이크 셔먼(Mike Sherman)은 "이곳은 환경에 민감한 곳이고 우리 모두가 이 시스템의 관리자인 셈이니까요"라고 말한다. 시내에 위치한 라구나 폐수 처리장에서 시작되는 파이프라인은 야생 사과나무 숲을 지나 붉은 매드론나무와 장관을 이루는 떡갈나무 숲을 따라 도로 뒤편에서 산으로 올라간다. 대부분의 지역은 비영리 환경보호단체인 오듀본 캘리포니아(Audubon California)에 의해 자연보호 구역으로 지정되어 있다.

가파른 1차선 도로를 따라가면 정상에서 흔히 볼 수 있는 물탱크와 내용물만 빼고는 똑같은 모양의 3층짜리 짙은 녹색 탱크를 만날 수 있다. 이 안에는 폐수가 100만 갤런 들어 있다. 폐수는 3단계에 걸쳐서 처리된다. 우선 퇴적 탱크에서 그리스, 기름, 그 밖의 오염물질을 걸러낸다. 생물학적 처리 단계에서는 유기물을 분해해서 영양분과 혼합물을 제거한다. 마지막으로 모래와 활성탄소 필터를 통과하고 나서도 남아 있는 유기물과 기생충을 제거한다. 이 과정을 거친 폐수에 자외선을 쐬어 박테리아를 없앤다.

캘파인은 매년 250만 달러 상당의 자체 발전한 전기를 써서 물을 이곳까지 보내고, 마야카마스 산맥 정상 동쪽의 분기공 지역에 주입하기 전까지 보관한다. 탱크가 있는 곳을 지나면 햇빛을 받아 은빛으로 반짝거리는 파이프라인이 계곡과 소나무 숲을 따라 산을 내려간다. 0.5마일 떨어진 곳에 위치한 발전소에서는 지하에서 끌어올린 증기가 발전기를 돌리고 깔대기 모양의 탑을 지나면서 응축되며 물이 되어 다시 지하로 주입된다. 세계 최대 지열발전소는 산들바람 속에서 낮게 웅웅거리는 발전기 소리가 들리는, 이상하고도 비현실적인 전원 풍경을 눈앞에 보여준다.

**높아지는 지진 우려**

그러나 이곳에서 20마일 이내에 거주하는 주민들에겐 이 풍경이 전혀 아름답지 않다. 캘파인 사가 처리된 폐수를 지하에 주입하기 시작한 후, 지역 주민들은 이전보다 훨씬 더 자주 지진을 겪고 있다. 가이저에서는 2003년 이후 지진이 60퍼센트나 증가했다. 가장 가까운 현장에서 1마일도 채 떨어져 있지 않은 앤더슨 스프링스에서는 2,562회의 흔들림이 관측되었고, 그중 24번은 규모 4.0이 넘었다. 샌프란시스코대학교에 근무했던 은퇴한 교수이면서 1939년부터 때때로 가이저 부근에 거주해온 해밀턴 헤스(Hamilton Hess)는 대부분의 흔들림은 별 피해를 일으키지 않지만, 일부는 선반 위에 놓인 물건이 떨어지고 건물에 금이 갈 정도라고 이야기한다. 다른 주민들의 이야기는 보다 직접적이다. 앤더슨 스프링스 주민협의회장인 제프리 고스페(Jeffrey D. Gospe)는 "계곡에서부터 우르렁거리는 소리가 들려옵니다. 그 소리가 도달하면 집 아래에서 무슨 폭발이 일어난 것 같아요"라고 이야기했다.

2009년 주민들은 앤더슨 스프링스에서 불과 2마일 떨어진, 가이저 분기공 지역 밖에 건설 중인 실험용 시설이 더 큰 지진을 유발할 수 있다는 사실을 알게 되었다. 그 지역에서는 분기공 같은 지열 활동이 전혀 없기 때문에, 소살리토에 본사를 둔 알타락에너지사(AltaRock Energy)는 뜨거운 암반을 2마일 이상 뚫어서 물을 주입하고 증기를 뽑아냈다.

스위스 바젤에서도 유사한 방식의 '개량 지열' 프로젝트로 인해 규모 3.4의 지진이 일어났다. 기준에 따라서는 크지 않은 지진이지만 이로 인한 재산 피해는 800만 달러에 달했다. 알타락사 관계자는 레이크 카운티에서의 프로젝트는 지반의 특성이 다르고, 주요 단층대에서 멀리 떨어져 있다고 주장한다. 또한 스위스에서는 쓰이지 않는 기술을 쓰고 있다고 설명했다. 하지만 주민들은 알타락의 환경 분석에 오류가 있고 빠진 부분도 있다고 지적하며 반발했다.

과학자들은 오래전부터 지면 아래에서 마그마에 의해 가열된 증기를 빼내면 암석의 온도가 내려가면서 암석이 수축한다는 사실을 알고 있었다. 미국 지질측량국(U.S. Geological Survey, USGS)의 지진학자 데이비드 오펜하이머(David Oppenheimer)는 이런 수축 때문에 암반이 조금씩 움직이고, 그 결과 작은 규모의 지진이 발생하는 것이라고 설명한다. 증기가 빠져나간 공간도 함몰하면서 흔들림을 유발한다.

산타로사 프로젝트를 계획했던 관리들도 지진 활동이 늘어날 것을 예상했었다. 하지만 시 당국은 폐수 처리 문제의 해결과 청정에너지 생산의 이점이 훨씬 크다며 이 사업의 추진을 결정했다. 가이저에서 반경 20마일 이내에 거주하는 주민 500명에게는 별 의미가 없는 일이다. "산타로사 시의 폐수인데 그곳 주민들은 이 때문에 지진을 겪지 않아요." 헤스가 말했다.

그를 비롯해 많은 사람들은 산타로사 시와 레이크 카운티의 시설 확장 계획에 우려를 나타낸다. 더 많은 곳에 더 많은 물을 주입하면 결국 "더 큰 지진이 오지 않을까?" 오펜하이머는 그렇지는 않을 것이라고 말했다. 증기 생산량을 늘리면 규모 2.0 이하의 지진은 늘어나겠지만 규모 8.0 같은 큰 지진은 대규모 단층이 아니면 일어나지 않으며, 가이저 지역에는 작은 규모의 균열밖에 생기지 않기 때문이다. 오펜하이머는 30년 이상 이곳을 관측한 바에 따르면 가장 큰 지진은 규모 4.5였다고 한다.

그러나 알타락사의 계획은 더 강력한 지진에 대한 우려를 불러왔다. 2009년 9월 연방 정부는 지진 가능성에 대한 과학적 분석 결과가 나올 때까지 잠정적으로 프로젝트를 중지시켰다. 미래가 불확실해진 알타락사는 2009년 사업 중단을 발표했다. 2010년 1월, 에너지부는 개량 지열 발전에 관한 안전 규정을 발표했다.

### 더 많은 곳에 혜택을

산타로사 시와 레이크 카운티는 폐수를 이용해서 200메가와트의 전기를 얻고 있고, 덕분에 석탄 화력발전소를 이용할 때보다 온실가스 배출량을 연간 20억 파운드나 감축시켰다. 시와 주변 마을에서는 러시안 강과 클리어 호에 더 이상 폐수를 배출하지도 않고 폐수 저장 및 처리 시설을 추가로 건설할 필요도 없어졌다. 또한 캘파인사가 러시안 강 지류(이 회사가 물 사용권을 갖고 있다)에서 물을 끌어다 쓰는 대신 폐수를 사용하기 때문에 강물의 수량도 많아졌다.

지열을 미국 전역으로 확장하고자 하는 기업과 과학자들에게 캘파인사의 프로젝트는 소중한 경험이 되었다. 하지만 알타락사의 실패로 인해, 지면에서 지열 활동이 일어나지 않는 곳에서 지하 깊숙이 파들어가야 하는 개량 지열에 대한 관심은 줄어들 수밖에 없다. 지속 가능 에너지 시스템을 연구하는 코넬대학교 제퍼슨 테스터(Jefferson W. Tester) 교수는 연구 결과, 개량 지열 발전으로 미국에서 10만 메가와트 이상의 전기를 만들어낼 수 있다고 말한다. 2009년 5월, 오바마 행정부는 개량 지열 발전 프로젝트용으로 책정된 8,000만 달러를 포함해 3억 5,000만 달러의 지열 예산을 확보했다.

암반에 주입할 물이 확보되지 않은 많은 곳에서도 가이저에 있는 발전소들은 참고가 된다. 칼슨은 이들 발전소가 강물 대신 처리된 폐수를 이용해서도 경제성이 있는 지열 발전이 가능하다는 사실을 보여주고 있기 때문이라고 설명한다. 물론 안전 관련 영향은 좀 더 연구가 필요하다. 하지만 그는 여전히 낙관적이다. "주민도 환경도 모두 혜택을 보고 있고, 전 세계 어디서나 이 방식을 적용해서 환경을 개선할 수 있습니다."

# 6

# 편리한 교통수단

# 6-1 보행자와 자전거, 대중교통에 거리를 돌려주기

존 맷슨

수많은 노란색 택시와 자동차가 도로를 뒤덮은 오늘날의 뉴욕에서 사람들은 오히려 불편함을 호소한다.

뉴욕 시는 2009년 브로드웨이의 몇 블럭을 일시적으로 폐쇄해 타임스스퀘어 주변에 보행자 천국을 만들고 열심히 홍보한 후, 교통 흐름에는 별 도움이 안 되는데도 영구적으로 차량 진입을 막아버렸다. 또한 시 당국은 2008년과 2009년 여름철 토요일에는 브루클린 다리에서 센트럴파크에 이르는 거리에 차량 진입을 막는 대규모 단기적 도로 폐쇄를 시험적으로 실시했다. 2010년 6월, 마이클 블룸버그 시장은 맨해튼 이스트사이드에 있는 도로에 버스 전용 차선을 설치해서 남북 방향의 교통 흐름을 개선한다는, 그다지 멋있어 보이지는 않지만 커다란 변화를 가져오는 정책을 발표한다.

미국 최대의 도시에서 실시된 이런 정책은 그간 보행자나 자전거, 대중교통보다 자동차를 우선하던 정책과는 대비된다. 사실 뉴욕은 경우에 따라서는 아주 오래된 유럽과 남미 도시들의 사례를 따르는 중이지만, 미국에서 이런 일이 일어나기까지는 매우 진전이 느렸다. 뉴욕과 오리건 주 포틀랜드 등 여타 미국 도시들의 시도가 성공한다면, 향후 몇십 년간 미국 도시의 도로 활용 방식에 변화가 닥칠 것이다.

워싱턴D.C.에 있는 비영리단체인 지구정책연구소(Earth Policy Institute) 소장 레스터 브라운(Lester Brown)은 말한다. “분명히 그런 방향으로 가고 있습니다. 이런 면에서 앞선 도시들이 여럿 있다고 생각합니다. 몇 년 전 스톡홀름을 방문했을 때 이미 많은 도로가 차량 진입을 금지했습니다.”

뉴욕의 비영리 홍보단체 교통대안(Transportation Alternatives)의 회장 폴 스틸리 화이트(Paul Steely White)는 세계적으로 도시의 도로 활용 방법을 바꾸자는 사람들 비율이 높아지는 현상이 미국에서 자신들의 활동에도 도움이 된다고 인정했다. “콜롬비아 보고타에서 덴마크 코펜하겐에 이르는 수많은 도시들이 이런 방향으로 간다면, 미국에서도 실현이 쉬워지겠지요.”

브라운은 1998~2001년 콜롬비아 보고타 시 시장을 지낸 엔리크 페냐로사(Enrique Peñalosa)를 미국에는 이제야 선보이는 이런 정책의 선구자로 꼽았다. “그는 시장에 취임한 후 모든 것을 새롭게 정의한 유일한 사람입니다.” 보고타 시의 버스망 트랜스밀레니오(TransMilenio)는 분리대가 설치된 전용차선, 별도의 독립적 승강장 등 많은 면에서 지하철과 유사하다. 버스 전용차선이 설치되는 유사한 체계가 멕시코시티, 인도 아마다바드 등에서 뒤따랐다.

화이트는 말한다. “이런 방식이 왜 타당한지를 알아보고 싶다면 도보, 자전거, 버스의 공간 활용성을 생각해보면 됩니다. 도시란 결국 밀도에 의해서 정의되는 곳이고, 태생적으로 건물 사이의 공간은 제한적일 수밖에 없습니다.” 그는 자동차가 교통수단 중에서 가장 밀도가 낮은 수단이라고 지적했다. 자동차로 이동하는 사람은 걷는 사람이나 자전거를 이용하는 사람보다 훨씬 더 큰 공간을 점유한다는 뜻이다. “수요와 공급이라는 면에서 많은 도시들이 비슷합니다. 도로에 대한 수요는 언제나 존재하는 도로의 양보다 높거든요."

화이트는 미래에 도로가 사용되는 방법이 더욱 다양해질 것으로 본다. 가변 설치가 가능한 분리대를 이용하면, 시간대에 따라 차량 통행을 통제하고 필요할 때는 보행자 전용도로로 전환할 수 있다. "활용성을 최대로 높이는 거죠. 출퇴근 때에는 차량이 통과하고, 점심시간에는 보행자만 다니도록 하는 겁니다. 이런 곳이 점점 늘어날 테고 사람들도 그걸 바란다고 생각합니다."

## 6-2 교통체증을 예측해서 알려주기

마크 피셰티

자동차에 설치된 내비게이션 장치와 스마트폰 앱을 이용하면 교통정체가 일어난 곳을 피할 수 있다. 문제는 운전자가 이미 도로에서 운행 중인 상태이거나, 심지어 교통정체에 이미 갇혀버렸을 수도 있다는 점이다. 현재 IBM사는 교통정체가 일어나기 최대 한 시간 전에 이를 예측해서 미리 알려주는 시스템을 개발 중이다.

싱가포르에서 실시된 시범 운용에서, 500군데에 이르는 도시 곳곳의 교통량을 전체 시간 중 85~93퍼센트의 시간에, 차량 속도를 87~95퍼센트의 시간에 정확하게 예측했다. 핀란드와 뉴저지 주 고속도로에서도 유사한 결과가 나타났다.

이 기술의 핵심은 도로에 설치된 센서, 카메라에서 얻는 실시간 정보, 택시에 설치된 GPS, 과거의 통계적 교통량, 공사 정보, 일기예보 등을 종합하여 교통 흐름을 예측해서 만든 수학적 모형에 있다. 모형은 최근 6주간의 통계를 반영해서 매주 갱신하며, 교통 관련 부서가 운용하는 전자식 도로 표지판과 자동차 내비게이션 장치에 이 정보를 알려준다. 또한 언제 도로의 정체가 풀릴지도 알려준다.

미국 교통 부서 두 곳이 이 시스템을 대대적으로 도입하기로 IBM사와 계약을 맺었다고 대변인 제니 헌터(Jenny Hunter)가 발표했다. 설치할 구체적 위치는 추후 공개할 예정이다. 싱가포르도 정식으로 이 시스템을 도입할 것으로 보이며 버스의 운행 상황을 알려주는 시스템도 시험 중이다.

이 시스템이 설치된 곳에서는 지속적으로 시스템 최적화 작업이 이루어진다. 예를 들면 1번 고속도로가 막힌다는 정보를 듣고 대부분의 운전자가 2번 고속도로로 몰리면 2번 고속도로에도 정체가 발생한다. 그러면 엔지니어들이 모형을 수정해서 정체 정보를 전체 운전자의 25퍼센트 혹은 40퍼센트에게만 보내도록 만들어 두 도로의 교통량이 적절히 나뉘도록 하는 것이다. 대부분의 운전자가 휴대전화를 갖고 있으므로, IBM사는 여러 이동통신사와 협력해서 도로 위 휴대폰 사용자들의 밀도를 추적해 더욱 정교한 모형을 만들고자 한다. 각 개인의 정보가 노출되지 않도록 개인 정보를 보호하는 것은 물론이다.

이 회사는 목적지까지 가장 빠르게 도착하는 경로를 개인 가입자들에게도 미리 제공하는 서비스를 개발할 예정이라고 발표했다. 가입자의 차량 내비게이션 장치나 휴대폰에 음성 안내 메시지를 보내는 식이다.

다른 응용법에도 유사한 접근 방법이 적용된다. 뉴욕 주 아몽크에 있는 IBM사의 서비스 연구 부문 부사장 로버트 모리스(Robert Morris)는 말한다. "예측 모형의 장점은 다양한 법칙을 활용한다는 점입니다." 예를 들면 이스라엘 하이파에 있는 IBM사 연구소에서는 후천성면역결핍증 환자에게 장기간 투약하는 다양한 약물 조합의 효과를 예측하는 EuResist라는 프로그램을 시험 중이다. 이 소프트웨어는 환자의 HIV 유전자형과 현재의 건강 상태를, 환자 3만 3,000명을 대상으로 시행되는 9만 8,000가지 처방 결과를 종합한 데이터베이스의 내용과 비교해서 분석한다. 유방암이나 고환암 환자에게도 이런 방법이 효과적일 것으로 예상된다.

또한 IBM사는 워싱턴D.C. 상하수도국과 협력해서 폭풍우나 홍수가 닥칠 때 하수관이 터지는 등의 사고가 어디서 일어날지를 실시간으로 예측하는 프로그램도 개발 중이다. 전체 상하수도 시스템에서 어느 곳의 밸브를 미리 조절해서 물이 넘치는 것을 막아야 하는지, 어디에 미리 정비 인력을 보내야 할지 알아내는 것이 목표다. 2010년 3월, IBM사는 중국 시안에 예측 분석 연구소를 열었다. 이곳에서는 시안시상업은행(Xi'an City Commercial Bank) 등의 고객들 거래 추세를 미리 파악하는 식으로 연구를 진행한다.

# 6-3 도로에 자전거가 더 많이 다니게 하려면

린다 베이커

예전부터 환경에 관심이 높은 도시 행정가들은 사람들이 자동차 대신 자전거를 이용하게 만들고 싶어 했다. 최근 몇 년간 자전거 전용도로와 자동차가 없는 '녹색 도로'가 증가하긴 했다. 하지만 다양한 조사 결과에 따르면 자전거를 교통수단으로 이용하는 인구의 비율은 여전히 2퍼센트 이하에 머무른다. 자전거 이용률을 높이는 가장 좋은 전략이 무엇인지 찾는 것은 마치 "여성들이 원하는 것은 무엇인가?"라는 질문이나 다름없다고까지 표현한 연구기관도 있다.

미국의 자전거 인구는 남성이 여성보다 두 배 이상 많다. 이는 도시에서 자전거 이용이 생활화되어 있고 남녀 자전거 인구가 거의 비슷한, 혹은 여성이 더 많기도 한 유럽과는 아주 대조적인 수치다. 네덜란드에서는 전체 교통량의 27퍼센트를 자전거가 담당하고, 자전거 인구의 55퍼센트가 여성이다. 독일에서는 전체 교통량의 12퍼센트를 자전거가 담당하고, 자전거 인구의 49퍼센트가 여성이다.

"도시환경이 자전거에 적합한지를 알려면 각종 '자전거 친화 지표'는 볼 필요도 없어요. 그저 여성 비율만 보면 됩니다." 오스트레일리아 멜버른 디킨대학교 강사이자, 성별에 따른 자전거 활용에 관해 다양한 연구를 발표한 얀 개러드(Jan Garrard)의 말이다.

여성은 여러 가지 이유로 도시가 얼마나 자전거 친화적인지 보여주는 '지표가 되는 존재'다. 우선, 범죄학이나 어린이 양육처럼 전혀 관련이 없는 분야의 연구들에서도 일관되게 여성은 남성보다 위험을 감수하지 않으려는 성향을 보인다는 점이 드러난다. 즉 여성의 위험 회피 성향이 높다는 것은, 자전거 이용을 늘리고 싶다면 자전거를 타기에 안전한 환경이 먼저 구축되어야 한다는 사실을 의미한다. 또한 어린이를 돌보고, 장을 보는 활동은 여성이 맡는 경우가 대부분이므로 자전거 도로가 이런 활동에 적합하도록 설치되어야 한다는 뜻이기도 하다.

"우리도 성별에 따른 사회적 역할의 차이가 없기를 기대하지만, 현실은 그렇지 않습니다." 포틀랜드대학교 교통 및 교통계획 연구원 제니퍼 딜(Jennifer Dill)은 말한다. 그녀는 여성들이 안전과 효용성에 관해 우려한다는 사실을 지적하면서 더 많은 여성들이 자전거를 타도록 하려면 아직 "갈 길이 멀다"고 이야기한다.

아직까지 이를 시도한 도시는 거의 없다. 럿거스대학교 도시계획과 교수이자 오랫동안 자전거를 애용해온 존 퓌셰(John Pucher)에 따르면 미국에 있는 대부분의 자전거 도로는 자동차가 가득한 일반 도로에 설치되어 있다. 일반 도로와 분리된 자전거 전용도로는 대부분 공원이나 강가에 지어지기 때문에 "슈퍼마켓, 학교, 유치원 등에 가는" 용도와는 무관한 존재다.

유럽에서는 자전거 관련 시설에 대해 그간 많은 연구가 있었지만, 미국은 이제 시작 단계다. 작년에 진행된 연구에서 딜은 다양한 형태의 자전거 관련

시설이 자전거 이용에 미치는 영향을 조사했다. 이 연구는 GPS를 이용해서 자전거 이용자들이 실제로 이용한 경로가 목적지까지의 최단 경로와 어떻게 다른지를 비교했다. 여성은 남성에 비해 일반 도로 주행을 꺼렸으며, 주택가 도로처럼 조용하고 '자전거 타기 좋은 길'을 이용하려고 최단 경로를 벗어나기를 마다하지 않았다. 딜에 따르면, "여성들은 최단 경로에서 훨씬 자주 벗어났다."

이런 결과를 뒷받침하는 또 다른 자료들도 있다. 뉴욕 시에서는 남성 자전거 인구가 여성의 세 배에 이른다. 그러나 큰길을 벗어난, 센트럴파크를 오가는 자전거의 44퍼센트는 여성이 타고 다닌다. 퓌셰는 지적한다. "같은 도시에서도 성별에 따라 엄청난 차이가 있습니다."

단지 관련 시설을 정비하는 것만으로는 여성의 자전거 이용률을 높일 수 없다고 전문가들은 입을 모은다. 자동차가 지배적인 문화에서 '태도 변수'도 중요한 역할을 한다고 캘리포니아주립대학교 데이비스 캠퍼스의 환경과학과 교수 수전 핸디(Susan Handy)는 설명한다. 《교통 연구 기록(Transportation Research Record)》지에 실린 설문 조사 결과, 핸디는 남성과 달리 여성의 자전거 이용률에 크게 영향을 미치는 요소가 '편리함'과 '자동차의 필요성'이라는 사실을 찾아냈다. 핸디는 여성들에게 '자동차의 필요성'이란 집안일과 관련이 있으므로, 어느 정도는 여성이 "자동차를 이용하듯 자전거를 이용한다"고 볼 수 있음을 지적했다.

몇몇 도시에서는 자전거 인구를 늘리려고 다음과 같은 전략을 시행하기 시작했다. 이미 시내에서의 자전거 활용으로 유명한 오리건 주 포틀랜드에서는 '자전거 타는 여성'이란 프로그램을 통해 바퀴 펑크에 대한 우려를 해소해주려고 한다. 또한 미국에서는 최초로 별도의 자전거 도로도 건설 중이다. 이는 인도나 자동차 도로와 완전히 분리된 유럽식 자전거 도로다. 미국 전역에서 여러 주가 연방 정부의 자금 지원을 받는 '안전하게 학교 가는 길' 프로그램을 통해서 어린이들이 부모가 운전하는 자동차 대신 자전거로 통학할 수 있는 실질적 자전거 도로를 만든다.

뉴욕 시는 이미 자동차 도로와 분리된 자전거 도로를 5마일 건설했다. 여기에는 오랜 자동차 위주의 관례를 뒤집은 시 교통국장 저넷 사이크-칸(Janette Sahik-Kahn)의 공이 크다. 퀴셰의 말을 기억할 필요가 있다. "여성 자전거 이용자가 교통부 장관이 되면 놀라운 일이 일어날 겁니다."

# 6-4 혁신적인 철도

스튜어트 브라운

미국은 여객철도 분야에서는 한참 후진국이다. 유럽이나 일본, 상하이를 방문해본 사람이라면 시속 300킬로미터가 넘는 철도가 일상화되어 있다는 사실을 금방 알게 된다. 도카이도 신칸센 탄환열차로 유명한 도카이여객철도주식회사(東海旅客鉄道株式会社)는 지난 50년간 도쿄와 오사카를 오가는 승객 몇십억 명을 비행기 절반의 시간에 운송했다. 마드리드와 바르셀로나 사이에 신설된 고속열차는 평균 시속 240킬로미터 속도로 달린다. 이 철도가 개통된 2년 전에 비해 두 곳 사이의 항공 여객은 40퍼센트나 줄어들었다. 이와는 대조적으로, 암트랙(American Track Corporation, Amtrack)의 대표적 열차로 보스턴과 워싱턴D.C.를 연결하는 아셀라(Acela) 열차의 평균 속도는 시속 110킬로미터에 머무른다. 열차 자체는 시속 240킬로미터 이상으로 달릴 수 있는데도 이처럼 속도가 낮은 이유는 이 노선의 여러 곳이 고속 주행을 안전하게 감당할 수준이 못 되기 때문이다. 마치 페라리 자동차가 시골 비포장 길을 달리는 것과 마찬가지다.

최근 이 모든 상황을 타개하려는 노력이 진행 중이다. 교통부는 2010년 초, 미국 전역에 고속철도를 건설하는 계획의 일환으로 80억 달러짜리 선도 과제를 선정했다. 2010년의 연방 예산안은 철도 건설에 향후 5년간 매년 10억 달러를 추가할 것을 요구했다. 2008년에는 캘리포니아 주에서 로스엔젤레스와 샌프란시스코를 연결하고, 궁극적으로 새크라멘토와 샌디에이고까지 확장되는 고속철도망의 건설을 위한 90억 달러 채권 발행이 주민의 승인을 얻었다.

그러나 어떤 종류의 여객 시스템이 채택될지는 여전히 의문으로 남는다. 연방 정부가 마지막으로 철도를 화물만이 아니라 주요 여객 운송수단으로 간주하던 시대 이후 철도 기술은 크게 발전해서 고속철도 노선이 유럽 전역에 놓였고, 최근에는 중국에도 건설되고 있다.

또한 선도 과제가 말하는 '고속'이 정확히 어느 수준인지도 여전히 불분명하다. 가능한 많은 지역이 경제적으로 번영하도록 해야 할 임무를 지닌 연방 정부 부처들은 기존 노선을 개량하는 데 자금을 투입한다. 많은 경우 이 프로젝트들은 그저 열차 속도가 약간 증가하도록 하는 데 그친다.

기존 기술과는 전혀 다른 형태로, 바퀴가 아닌 자력을 이용해 열차를 띄우고 달리게 하는 자기부상열차가 있다. 이 기술의 가능성은 다양한 형태로 확인할 수 있다. 자기부상열차는 몇십 년째 개발 중이지만 최초의(지금까지는 유일한) 상업용 노선이 설치된 것은 2004년이다. 산악 지대가 많은 미국 여러 지역에서는 이 기술이 급격한 경사를 극복할 유일한 방법이다. 어쩌면 가장 중요한 것은 이 기술이 전 세계 상업용 고속 여객철도 건설 및 운영 전문가들에게 확신을 심어주었으며 대단한 지지를 받는다는 점일지도 모른다.

### 자기부상열차

1964년부터 일본의 인구 밀집 지역인 도쿄, 나고야, 오사카를 연결하는 매끈

한 고속열차를 운행 중인 일본 도카이여객철도주식회사는 고속철도 운용에 있어서는 세계에서 가장 큰 규모를 자랑한다. 그러나 이 회사도 고속열차를 운용하면서 맞닥뜨리는 현실적 문제들 때문에 자기부상열차의 도입을 진지하게 검토한다. 매일 밤 작업자 3,000명이 20킬로미터 길이의 신칸센 철로를 면밀히 검사하고, 손상된 부품을 교체해서 철로가 완벽한 상태를 유지하도록 만든다. 다음 날 밤에는 그다음 20킬로미터를 점검하는 식이다. 이 일은 끝도 없이 무한히 반복된다.

철로에 작은 문제만 있어도 고속열차에는 큰 진동을 야기할 수 있기 때문에 회사로서는 비용이 많이 들더라도 이런 작업을 계속해야만 한다. 이런 진동은 철로의 노후화를 촉진하고 손상을 일으킨다. 철로와 열차 바퀴, 열차에 전기를 공급하는 열차 위쪽의 전선에 생긴 변형이 열차에 미치는 영향은 열차의 속도에 지수적으로 비례한다. 진정한 의미의 고속열차는 구조물에 극한의 힘을 가한다. 매일 밤 이뤄지는 신칸센 점검 작업이 지연된다면, 매일 있는 고속열차 309편의 운행은 혼란의 도가니가 되고 말 것이다.

이런 문제점을 극복하려는 목적으로, 이 회사는 2025년까지 도카이도신칸센(東海道 新幹線) 바이패스 고속 자기부상열차를 건설하려는 계획을 가지고 있다. 길이 280킬로미터인 이 노선이 세계 최초의 자기부상 노선은 아니지만(상하이 공항과 금융 중심지를 연결하는 30킬로미터 길이의 짧은 노선이 2004년에 건설되었다) 다른 어떤 계획보다도 야심 찬 것은 분명하다. 도카이여객철도주식회사의 회장 카사이 요시유키(葛西敬之)는 지난 6월 워싱턴D.C.에서 교통 담당 고위 관리들과 만난 자리에서 자기부상열차는 운용 기간 동안 성능을 향상시킬 필요성이 적기 때문에 장기적으로는 기존 방식의 고속철도보다 총비용이 저렴할 것이라고 말한 바 있다. 또한 자기부상열차는 바퀴로 달리는 열차에 비해 가속과 감속이 빠르기 때문에 여행시간을 단축해주기도 한다.

미국에서의 자기부상열차의 가능성을 살펴볼 때 더 중요한 점은 자기부상열차는 기존의 고속열차보다 비탈을 훨씬 빠르게 올라갈 수 있다는 사실이다. 이는 미국 서부의 산악 지대를 통과하는 거의 유일한 방법이라고 할 수 있다.

기존 기술의 문제는 마찰력에 있다. 전동차의 강철 바퀴에는 철로에서 열차가 미끄러지지 않고 멈출 정도의 마찰력만이 있다. 비, 눈, 얼음, 심지어 젖은 나뭇잎만 있어도 열차가 올라가고 안전하게 내려갈 수 있는 경사각이 제한된다. 이런 한계 때문에 미국 철로의 경사도는 3퍼센트 이하로 지어졌으며, 대부분은 2퍼센트 이하다.

반면 자기부상열차 철로는 철과 철이 직접 맞닿지 않으므로 바퀴로 구동되는 열차처럼 마찰력이 문제가 되지 않는다. 자기부상열차는 10퍼센트의 경사도도 올라갈 수 있으므로, 새로운 노선을 선정할 때 지형의 영향을 덜 고려해도 된다.

그러므로 이 기술을 이용하면 기존 기술로는 철로를 부설할 수 없던 지역에도 철도를 놓을 수 있다. 로키 산맥 철도청은 최근 콜로라도 주를 동서와 남북으로 교차하며 가로지르는 연장 620킬로미터짜리 자기부상 철도의 타당성에 관한 연구를 18개월에 걸쳐 진행했다. 보고서는 일부 구간의 경사도가

# 자기부상열차

일본의 도카이여객철도주식회사는 200마일(약 320킬로미터) 길이의 자기부상 철도 선로를 건설할 예정이라고 발표했다. 자기부상열차 시스템은 자기장을 이용해서 콘크리트 선로에서 열차를 들어올린 후 추진력을 가하는 방식이다. 이렇게 하면 열차 바퀴와 선로의 마찰이 없기 때문에 속도를 내는 데 유리하고 선로의 마모도 막을 수 있다. 따라서 유지비도 적게 든다. 미국에서도 콜로라도, 네바다, 캘리포니아 등지에서 유사한 시스템을 구축하려 한다.

**부상** : 자기부상 시스템에서는 열차 양쪽에 팔 모양의 장치가 달려서 콘크리트 선로 아래에까지 내려간다. 전자기를 이용해서 선로 아래쪽에 설치된 전극이 열차의 팔 모양 장치에 달린 전극을 끌어당기게 된다. 열차의 무게와 전자기의 끌어당기는 힘을 전자 장치로 제어함으로써 열차는 공중에 떠 있는 상태를 유지한다. 또한 양쪽 측면으로도 전극이 있어서 열차가 선로와 부딪히지 않도록 한다.

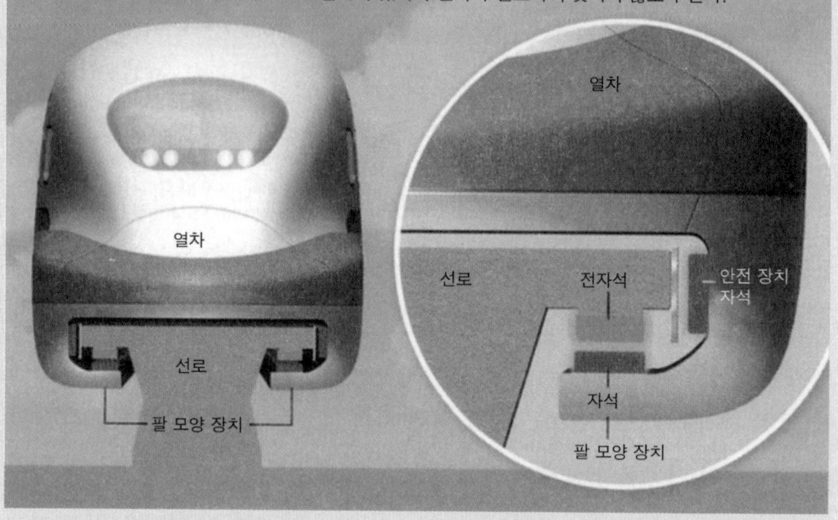


일러스트 : George Retseck

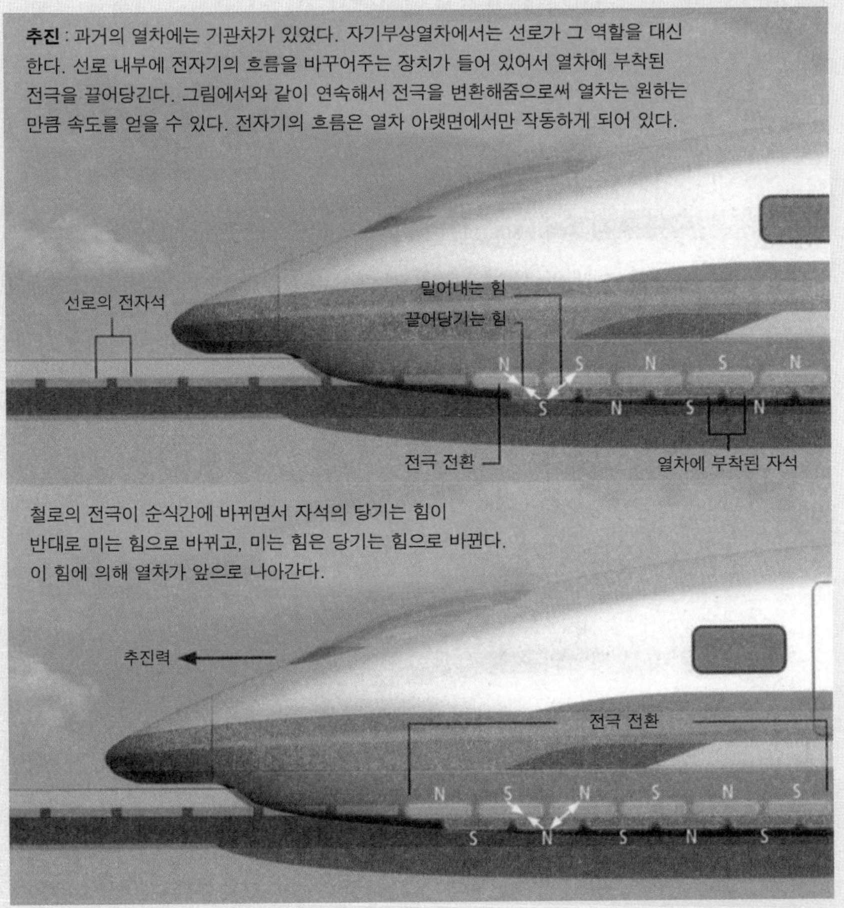


일러스트 : George Retseck

7퍼센트에 이르기 때문에 자기부상 방식을 채택해야 한다고 결론 내린다. 철도청장 해리 데일(Harry Dale)은 말한다. "이건 로키 산맥을 가로지르는 노선입니다." 또한 그는 덧붙였다. 물리적 마찰력이 아니라 자력이 열차를 움직이고 감속하므로 콜로라도 주의 "눈과 얼음 문제에서 해방됩니다."

데일은 독일 지멘스사와 티센크루프사(ThyssenKrupp)의 합작회사인 트랜스래피드사가 건설한 자기부상열차가 적합하다고 생각한다. 트랜스래피드 인터내셔널사(Transrapid International)의 자기부상열차는 상하이 공항에 설치되어 1,700만 이상의 승객을 시속 431킬로미터 속도로 운송한 실적을 갖고 있다. 이 회사의 자기부상열차는 일반적인 상전도(常電導) 전자석을 이용한다. 반면 일본의 시스템은 강입자 충돌기에서나 찾아볼 수 있는 초전도(超傳導) 전자석을 이용한다. 초전도 자석을 이용하면 철로와 열차 사이에 더 큰 공간을 둘 수 있어서 지진이 일어났을 때 유리하지만, 액체헬륨을 이용해서 자석을 항상 냉각해야 하므로 비용이 높아지고 운용이 복잡해진다.

### 관광지와 인구 밀접 지역의 연결

라스베이거스와 남부 캘리포니아를 연결하는 노선에 채택되기 위해 제출한 제안들을 보면 자기부상열차 기술 방식의 중요성이 잘 드러난다. 라스베이거스와 로스앤젤레스 도심을 고속열차로 연결하려는 열망은 몇십 년 전부터 있었다. 라스베이거스의 엔지니어링 회사 파슨스트랜스포테이션사(Parsons Transportation) 수석 운송부장 토머스 보르도(Thomas Bordeaux)는 지적한다.

"미국에서 가장 대표적 관광지와 미국에서 가장 인구가 많은 지역 중 한 군데인 남부 캘리포니아와의 연결은 철도 사업으로서는 아주 이상적 조건을 갖춘 대상입니다." 두 도시의 거리는 430킬로미터로, 기차 여행이 항공기 여행보다 편리한 최적 거리인 100~500킬로미터 범위에 들어온다. 또한 두 곳 사이는 대부분 모래와 잡목으로 채워진 미개발 지역이어서 철로를 건설하기에도 용이한 지형이다.

하지만 안타깝게도 로스앤젤레스 분지 동쪽에는 샌버너디노 산맥과 샌 재신토 산맥이 놓여 있다. 철도가 이곳을 통과하려면 최대 7퍼센트에 이르는 경사도를 극복해야 하고, 이는 자기부상열차만이 가능하다. 로스앤젤레스 남쪽의 대도시 애너하임과 라스베이거스를 연결하려는 캘리포니아-네바다 초고속열차 프로젝트의 목표가 바로 이것이다.

자기부상열차의 대안은 LA 분지를 우회하는 노선을 건설하는 것이다. 데저트엑스프레스(DesertXpress) 프로젝트는 이름에서 드러나듯이 LA 도심에서 한 시간에서 한 시간 반 거리(이것도 교통 상황이 좋을 때를 가정한 것으로, 사실상 LA에서는 이럴 때가 드물다)인 사막 한가운데 위치한 빅터빌에서 라스베이거스 사이에 기존 방식의 고속열차 노선을 건설하려는 계획이다. 이 계획대로라면 첨단 기술은 필요하지 않지만, 이 노선을 이용하려는 승객도 별로 없을 것이다.

또한 데저트엑스프레스는 캘리포니아 프로젝트(California Project)라는 이름으로 계획 중인, 로스앤젤레스와 샌프란시스코를 연결하는 고속철도 노선과도 연결되지 않는다. 이는 2010년 경기부양 정책으로 채택된 프로젝트 중에서 플로리다 주 탬파와 올랜도를 연결하는 130킬로미터짜리 노선과 함께 가장 규모가 큰 두 프로젝트 중 하나였다. 캘리포니아 프로젝트의 총자금은 400억 달러에 이르며 이 중 90억 달러는 2008년 주민 투표를 통해서 승인된 바 있다.

### 전용 철로 건설

자기부상 기술과 기존 방식 가운데 어떤 것이 쓰이던, 안전한 고속 운행을 위해서는 전용 노선 건설이 필수라는 데는 의심의 여지가 없다. 화물 노선과 여객 노선이 철로를 공유하는 암트랙의 아셀라 노선이 태생적으로 극복하지 못했던 문제가 바로 이것이다.

또 한 가지, 철로가 다른 철로나 도로와 같은 평면에서 교차하는 일이 없도록 만들어서 열차끼리의 혹은 자동차와의 충돌 사고를 원천적으로 막아야 한다. 철도 건널목을 무리하게 건너려는 자동차가 점차 늘어나는데 열차가 내는 소음은 작아서 보행자들이 열차가 다가오는 소리를 듣고 피하려 할 때는 이미 늦은 경우가 많다. 노선이 어떻게 결정되느냐에 따라 다르겠지만 수많은 교량, 터널, 지하도를 건설해서라도 고속열차만이 독점적으로 이용할 수 있는 철로를 확보할 필요가 있다.

이미 실용화된 기술을 적용하는 데 미국에서는 왜 이리 오랜 시간이 걸릴까? 짧게 답하자면, 연방 정부가 오랜 세월 여객용 철도를 주된 운송수단으로 고려하지 않았기 때문이다. 미국은 지난 몇십 년간 전국을 연결하는 고속도로와 공항을 건설하는 데 힘을 기울였다. 고속철도에 대한 투자는 거의 없었다고 할 수 있다. 미국에서 철도는 대부분 저속 화물 운송 전용 교통수단이 되어버렸던 것이다.

그러나 최근 환경 친화적 교통수단에 대한 필요성이 높아지고, 고속도로와 공항의 용량이 이미 초과되었다는 사실을 깨달으면서 다시금 고속철도에 대한 관심이 높아진다. 적어도 몇몇 핵심 지역에서는 그렇다고 할 수 있다.

# 7

# 깨끗한 물

## 7-1 나노 기술을 이용하는 식수 정수

루치아나 그라보타

전 세계 인구 10분의 1이 넘는 약 7억 8,000만 명에 이르는 인구가 깨끗한 식수를 공급받지 못한다. 박테리아·바이러스·납·비소 등에 오염된 물로 인한 사망자가 매년 100만 명에 이른다. 저렴한 정수기가 개발되면 이 문제를 해결하는 데 큰 도움이 될 것이다.

인도 마드라스공과대학교의 탈라필 프라디프(Thalappil Pradeep)가 이끄는 연구팀은 인도에서 가장 가난한 마을에서, 혹은 이와 비슷한 수준의 전 세계 지역에서도 구입 가능한 가격인 16달러짜리 이동식 나노입자 정수기를 개발했다. 가격이 저렴한 정수기는 이미 개발된 바 있지만, 미생물을 죽이고 납이나 비소 등의 화학물질도 제거하는 저가 제품으로는 이것이 최초다. 미생물과 화학물질을 거르는 필터가 각각 장착되므로 소비자는 필요에 따라 원하는 필터만을 쓸 수도 있고 두 필터 모두를 장착할 수도 있다.

미국 《미국국립과학아카데미 학술지》에 실린 보고서에서 프라디프는 다음과 같은 사실을 밝혔다. 알루미늄과 갑각류 껍데기에 있는 키틴 성분에서 뽑아낸 탄수화물 성분이 키토산이다. 이 키토산이 포함된 망에 들어 있는 은나노 성분이 미생물을 걸러낸다는 것이다. 이 망은 크기가 큰 오염물질을 걸러낼 뿐 아니라, 나노 입자에 침전물이 쌓여 미생물을 없애는 이온 방출을 막는 것을 피하게 해준다.

연구팀은 철분과 비소를 붙잡는 이온을 방출하는 나노 입자를 이용해 화학적 필터를 만들어냈다. 그런데 프라디프는 이 기술이 수은 같은 다른 오염물질에 반응하는 나노 입자와도 함께 사용될 수 있다고 이야기한다.

이 물질들을 물에 하나씩 투입하면 스스로 결합되고 마치 점토 같은 작은 판이 만들어진다. 이 판들이 은나노 입자를 붙들어 가두는 '우리'가 된다. 점토 같은 역할을 하는 필터가 실온에서 만들어지므로 생산 과정에는 전기가 필요하지 않다. 이 소재를 만드는 데 물 1리터가 필요하지만 결과적으로는 물 500리터를 정수할 수 있게 된다. 프라디프는 말한다. "이 과정은 실온에서 일어나는 친환경 합성이므로 세계 어디서나 손쉽게 적용할 수 있습니다."

어바나 샴페인에 있는 일리노이주립대학교 바이오공학 교수 존 조지아디스(John Georgiadis)는 말한다. "이 연구의 가장 중요한 측면이 바로 이 부분입니다. 다른 정수 시스템은 가격이 비쌀 뿐 아니라 제품 자체도 친환경적이라고 보기 힘듭니다."

버지니아대학교의 환경 및 도시공학과 교수 제임스 스미스(James Smith)는 이 연구의 "장래가 밝고, 기대된다"고 하면서도 인도나 아프리카 등지에서는 필터 생산에 문제가 생길 수 있다고 지적했다. 그는 이메일로 그 이유를 말했다. "이 기술에는 강한 산성물질과 염기성물질이 필요하며 그 때문에 개발도상국에서는 생산이 힘들 수 있습니다." 해당 지역의 오염 정도에 따라 다르지만, 필터를 6개월마다 약 네 시간씩 물에 끓여야 나노 입자에 붙은 침전물을 제거할 수 있다. 스미스는 이러한 세척 과정이 "개발도상국 가정에서 정기적으로 이루어지기는 현실적으로 굉장히 어려운" 일이라고 생각한다. 그는 물에 포함된 유해 박테리아(화학물질은 제외)를 제거하는, 나노 입자가 코팅된 점토 필터 주전자인 퓨어마디(PureMadi)의 공동 개발자다. 이 제품은 현재 남아프리카공화국에서 판매된다.

프라디프가 이미 진행한 소규모 현장 실험에서 이 필터의 효과가 입증되었다. 마드라스에 있는 필터를 만드는 벤처기업과 협력해 앞으로 대당 300명분 식수를 정수할 수 있는 대형 정수기 2,000개 이상을 공급할 예정이다. 그러면 서벵골 주에서만도 60만 명에게 식수를 공급할 수 있고, 이 결과를 기반으로 이 기술이 오염물질, 그중에서도 특히 지하수에 자연 존재하는 비소 제거에 얼마나 효과적인지 방대한 자료를 확보하게 될 것이다.

프라디프는 역설한다. "물은 건강, 교육, 그리고 궁극적으로는 사회의 전반적 복지와 직결됩니다. 인도 같은 곳에서 이 기술이 중요한 이유가 여기에 있습니다."

# 7-2 자외선을 소독제로

래리 그리너마이어

뉴욕 시는 900만 명의 건강에 잠재적 해가 될지도 모를 염소를 소독제로 이용하는 기존 방식 대신 태양열을 이용하는 식수 소독을 고려하고 있다. 구체적으로, 시 당국은 맨해튼에서 북쪽으로 50킬로미터 떨어진 마운트 플레전트 카운티와 그린버 카운티에 있는 62헥타르 넓이 부지에 자외선을 이용해서 대장균, 편모충, 크립토스포르디움 등의 병균과 기생충을 제거하는 수돗물 정수 시설을 건설 중이다.

뉴욕 시는 현재 시 북쪽으로 160킬로미터 떨어진 뉴욕 주 델라웨어 카운티의 캐츠킬 유역에서 염소를 이용해서 물을 소독한 뒤 뉴욕으로 보낸다. 그러나 미국환경보호위원회는 1974년에 제정된(1986년과 1996년에 개정됨) 연방 안전한 식수법(Safe Drinking Water Act, 이하 SDWA)에 의거한 미국 안전 기준에 따라 1996년부터 각 자치단체로 하여금 염소 사용량을 줄이라고 지시했다. 염소가 물에 들어가면 발암물질로 알려진 트리할로메탄(trialomethane), 할로아세틱 엑시드(haloacetic acid) 등의 부산물을 만들어낸다. 관건은 이런 화학물질의 양을 가능한 많이 줄이면서 물속에 들어 있는 미생물 병원체가 늘어나지 않도록 하는 것이다.

자외선 소독법은 2003년에 최초로 제안되었지만, 환경보호위원회가 식수에 포함되는 미생물 병원체에 대한 규제를 강화한 2006년이 될 때까지 시 당국은 적극적으로 움직이지 않았었다. 2012년에 가동을 개시할 예정인 자외선 소독 설비는 세계 최대 규모다. 이 시설이 완공되면 개당 1억 5,100만 리터의 자외선 소독 장치 56개가 하루에 최대 90억 리터 가까이 되는 물을 소독할 것이다.

뉴욕 시 식수 공급 시스템에 유입되는 모든 지표수와 지하수에는 현재 충치 예방 목적으로 불소 처리를 한다. 또한 SDWA와 뉴욕 주 상원이 제정한 법에 지정된 유해 미생물을 제거하기 위해 염소로 소독한다.

2005년 11월, 뉴욕 시는 워싱턴D.C.에 있는 다나허사(Danaher)의 자회사인 트로전테크놀로지사(Trojan Technologies)를 미국환경보호위원회 기준에 맞춰 식수 소독용 자외선 소독 시스템을 공급할 업체로 선정했다.

트로전사의 수석 기술자 제이슨 세르니(Jason Cerny)는 설명한다. "자외선은 파장이 짧아서 물에 든 박테리아의 DNA를 변화시켜 더는 번식하지 못하도록 만듭니다. 젖은 접시를 햇빛에 내놓으면 햇빛에 포함된 자외선이 살균을 하지요. 이 기술은 이 원리를 더 효율적인 자외선 발생 장치를 이용해서 큰 규모로 구현한 것입니다."

살균 과정에서 물은 자외선 장치 56개를 통과하는데, 각각의 장치에는 저압력, 고출력으로 제곱센티미터당 에너지가 40밀리줄(millijoules) 발생하는 자외선등 144개가 달려 있으며, 하루 평균 물 49억 리터를 소독한다. 자외선등은 형광등과 비슷하지만 인체가 지나친 자외선에 노출되는 것을 막는 형광물질을 칠하지 않았다는 차이가 있다.

시 규정에 따르면 이 시설에서는 하루 최대 24억 갤런의 물을 정수할 수 있고 이때 전력을 6.3메가와트 이상 사용할 수 없다(보통 하루 13억 갤런이 정수되고 전력 사용량은 4.45메가와트를 초과해선 안 된다).

자외선을 수돗물 살균에 이용하려는 곳은 뉴욕 시 말고도 여러 군데 있다. 샌프란시스코 테슬라 포르타(Tesla Porta) 정수장은 하루에 물 1,150만 리터를 살균하는 규모인 자외선 살균기 센티널 셰브런 48(Sentinel Chevron 48) 열두 대를 설치하기로 하고 피츠버그에 있는 칼곤카본사(Calgon Carbon)와 500만 달러에 계약을 맺었다.

무선 센서를 이용해서 수질 오염을 측정하고 감시하는 기술 연구 집단인 임베디드 네트워크 센싱센터(Center for Embedded Network Sensing)의 공동 설립자이자 머시드에 있는 캘리포니아주립대학교 부교수인 토머스 하먼(Thomas Harmon)은 화학물질을 이용하지 않는 정수 기술에 대한 필요성이 매우 높다고 지적한다. "인구가 늘고 도시가 확장되면서 식수원들이 점점 더 오염에 노출되고 있습니다." 그는 이어 덧붙였다. "이제는 예전처럼 도시 바로 옆에 수원지가 있는 시대가 아니어서 식수원을 깨끗하게 유지하기가 쉽지 않아요."

뉴욕 캐츠킬과 델라웨어 유역에서 얻는 물을 심각한 수준으로 정수할 필요는 없다(물이 수도꼭지에 도달하기까지 몇천 마일에 이르는 거리를 이동하면서 송수로, 수도관, 터널을 지나면 물에 포함된 대부분의 광물질은 사라진다). 하지만 다른 수원지들에서 취수되는 물은 자외선과 염소 소독 이상의 처리가 필요하다. 캘리

## 7-2

포니아 주 애너하임에 위치한 시오닉스사(Sionix)는 초미세 공기 방울을 이용해서 물을 정수하는 시스템의 제조 기술을 보유하고 있는데, 이 기술이 물에 포함된 금속, 특히 철분과 망간 성분(양이 많으면 둘 다 인체에 해롭다)을 줄이는 데 효과가 있는지를 캘리포니아 주 오렌지 카운티에 있는 빌라 파크 댐 인근 산티아고 강에서 시험 중이다.

시오닉스사 사장 짐 후츠(Jim Houtz)는 자신의 회사에서도 자외선 살균을 한다면서, 이 강은 아직 상수원으로 사용되지 않고 있는데 이는 향후 주변 지역에서 이곳을 상수원으로 이용하게 될 것을 의미한다고 말한다.

시오닉스사의 엘릭시르(Elixir) 시스템은 물에 들어 있는 입자에 달라붙는 미세 기포를 만들어내는 압축공기를 이용한다. 기포가 입자를 수면으로 밀어 올리면 별도의 장치가 이를 걷어낸다. 후츠에 따르면 이 설비는 지름이 1마이크론(1마이크론은 100만 분의 1미터)에 불과한 입자와 기생 유기물까지도 제거한다.

시오닉스사는 200만 달러짜리 엘릭시르 정수 설비를 석유 채굴 회사와 함께 일하는 아칸소 주 리틀록의 이노베이티드워터이큅먼트사(Innovated Water Equipment)에 납품할 예정이다. 이 회사는 엘릭시르 설비를 이용해서 유정에서 배출되는 염분 성분이 포함된 물을 처리한 뒤 재활용하거나 다시 되돌려 보낼 계획이다.

# 7-3 캘리포니아 주에서의 해수 담수화

래리 그리너마이어

캘리포니아 주 샌드 시티가 공식적으로 미국 최초의 대규모 담수 설비를 공개한 2010년, 이곳 주민들은 태평양의 물을 식수로 사용하기 시작했다. 주민들이 수도꼭지에서 나오는 물이 기존의 수원지에서 공급되는 물인지, 해수를 담수 처리한 것인지 구분할 수 없는 수준으로 만드는 것이 시의 목표였다.

이 설비는 공개되기 전에 1년 이상 시험 가동되었고, 공식적으로 가동을 시작하면서 몬테레이 반도 대부분의 지역에 물을 공급하는 캘리포니아-미국 수도 회사(California-American Water Company's, 이하 Cal-Am)의 송수관망에 정식 접속되었다. 모든 일이 계획대로 진행된다면 Cal-Am사의 물탱크들은 매년 물 3억 7,000만 리터 이상을 카멜 강의 수원지와 해안 대수층의 급수장에서 확보할 예정이라고 시의 기술자 리처드 시모니치(Richard Simonitch)가 말해주었다. 염분을 제거하는 설비인 새 담수화 설비는 물에서 소금을 분리해내는 반투과막에 해수를 통과시키는 역삼투압 방식의 정수 기술을 이용해서 이만큼의 식수를 만들어낼 예정이다.

## 미국 서해안의 식수 공급에 대한 우려

캘리포니아 주의 물 부족 역사는 거의 한 세기 전까지 거슬러 올라간다(1937년의 로스앤젤레스를 배경으로 한 로만 폴란스키 감독의 1974년작 범죄 영화 〈차이나타운(Chinatown)〉에서도 물 부족이 주요 소재로 등장한다). 샌드 시티는 캘리포니아 주와 미국 남부 지역에서 물 부족을 겪는 여러 지역 가운데 하나다.

주 정부는 2007년 샌드 시티에 염수 담수화 자금으로 290만 달러를 지원했다. 2002년 12월에 통과된 캘리포니아 주 법률 개정안* 50호에 따라 주 정부가 안전한 식수를 포함해 다양한 수자원 관련 프로젝트에 투입할 자금 34억 달러를 빌릴 수 있게 되면서 이 자금이 조성되었다. 프로젝트 총비용은 1,190만 달러였고 재개발 기금과 시 자본 확충 기금을 통해 시가 자체적으로 900만 달러를 조달했다. Cal-Am사는 담수화 설비에서 만들어진 물을 이용해서 카멜과 시사이드 지역의 물 부족을 해소할 계획이지만, 샌드 시티가 확장되면서 이곳에서도 물 수요가 늘어나고 있다.

*주민 투표를 통과해야 하는 법률을 대상으로 한다.

담수화 설비가 식수를 만들어낼 수 있다는 것이 중요한 장점인 데다 시로서도 유리한 점이 있다. 시 행정 담당 스티브 마타라조(Steve Matarazzo)에 따르면 캘리포니아 주는 샌드 시티가 물을 추가로 확보하지 못하면 새 건물을 짓지 못하도록 제한했다. 그는 덧붙인다. "샌드 시티는 도시 황폐화라는 문제를 겪고 있고, 시 당국은 그런 곳을 재개발하고 싶어 하지만 그러려면 물을 확보해야만 합니다." 샌드 시티의 현재 물 소비량이 1년에 1억 1,700만 리터에 불과하므로, 새 설비는 이 문제에 대한 해결책이 될 것이다.

마타라조의 말을 빌리면, 넓이가 불과 1.5제곱킬로미터에 불과한 샌드 시티는 해안에 면한 시 일부 지역의 지하수에 염분이 들어 있지만 바닷물 정도는 아닌 '해수 쐐기' 지역에 가까워서 덕을 보고 있다. 물에 포함된 염분이 적기 때문에 담수화에 드는 에너지와 비용도 해수를 담수화하는 데 비하면 훨씬 적게 든다.

### 비용이 저렴한 역삼투압 방식

담수화 설비로 우물에서 물을 끌어올린다. 우물의 지름은 약 30센티미터이고, 깊이는 18~27미터이다. 네 개의 우물이 있는데, 동시에 두 개씩 번갈아가면서 사용한다. "이 물에는 해양생물은 없어요. 미생물이야 있겠지요. 육지 모래 밑 지하 대수층에서 뽑아 올리는 물이거든요"라고 시모니치는 설명해준다. 모래가 천연 필터인 셈이다.

시모니치에 따르면 샌드 시티의 담수화 설비는 해수에서 염분을 제거할 때 다른 방법에 비해서 비용이 덜 드는 역삼투압 기술을 이용한다. 바닷물을 식수로 만드는 데는 기본적으로 증류와 역삼투압이라는 두 가지 방법이 있는데, 두 가지 방법 모두 많은 양의 에너지를 필요로 한다. 실제 담수화 비용은 지역에 따라 큰 차이가 있지만, 태평양연구소(Pacific Institute) 회장 피터 글릭(Peter Gleick)은 《사이언티픽 아메리칸(Scientific American)》지 2008년 7월호에 기고한 글에서 바닷물에서 담수 1,000리터(미국에서 대략 두 명이 하루에 소비하는 양)를 만들어내려면 1달러 이하에서 2달러 이상의 비용이 든다고 적고 있다. 또한 강물이나 지하수를 이용하면 보통 10~20센트 정도 비용으로 수돗물 생산이 가능하다고 덧붙인다. 한편 미국수도협회(American Water Works

Association)의 자료에 따르면 미국에서 수돗물의 평균 가격은 1,000리터당 60센트 정도다.

증류식 담수화 기술에서는 해수를 끓여서 물은 증기로 바꾸면서 소금 성분을 제거한다. 증기가 된 물을 모아서 식히면 다시 액체가 된다. 역삼투압은 이보다 비용이 저렴하므로 더 많이 이용된다. 역삼투압 방식에 관한 가장 큰 반론은, 바다로 되돌려 보내면 해양 생태계에 큰 위험이 되는 고농도 소금물이 부산물로 만들어진다는 데 더해서, 이 방법이 비효율적이고 일반적으로 많은 에너지를 낭비한다는 것이다.

**담수화 설비의 효율 높이기**

샌드 시티 당국에 따르면 이곳에 설치된 설비는 역삼투압 과정에서 얻은 방법을 이용해서 이 물을 보낼 몬테레이 만의 염도와 맞추는 방법으로 고농도 소금물 문제를 해결한다고 한다.

샌드 시티를 포함해서, 담수화 설비의 저효율 문제를 개선하는 방법은 출력을 증가시키고 에너지 소비와 비용을 낮춰주는 에너지 회복 장치를 설치하는 것이다.

샌드 시티는 캘리포니아 주 샌 린드로에 있는 에너지리커버리사(Energy Recovery)가 제작한 PX 에너지 회복 장치를 선택했다. 이 회사의 PX 압력 교환기는 원통형 세라믹 회전자를 담수화 설비 안에 장착하는 구조로 되어 있다. 투입된 해수의 일부는 곧장 담수화 투과막으로 보내지고, 나머지는 원통의 한쪽 끝으로 보내진다. 동시에, 염분이 많이 포함되어 투과막을 통과할 수 없을 정도의 염수(최종적으로 남는 염수 정도의 염도는 아니다)를 원통 반대쪽에서 주입한다. 이처럼 반대 방향 힘을 가진 물의 흐름이 양쪽에서 들어오면서 회전자를 분당 1,200회 속도로 회전시킨다. 회전자가 회전하면서 압력을 만들어내어 바닷물을 반투과막 쪽으로 밀고, 염분이 농축된 물을 밖으로 배출한다. PX 압력 교환기는 농축액의 증기에서 에너지를 98퍼센트 회수해서 바닷물을 끌어올리는 펌프를 동작시키는 데 쓴다. 염분 농축수와 바닷물이 직접 만나는 시간은 아주 짧기 때문에 두 물의 혼합은 최소한으로 억제된다.

시모니치는 샌드 시티의 담수화 설비에는 PX 장치가 두 대 설치되어 있고, 두 대는 예비용으로 보관한다고 알려주었다.

새로운 식수원을 확보해야 한다는 압력은 전 세계에서 담수화 설비를 속속 설치하는 동기로 작용했다. 대표적인 곳이 알제리·오스트레일리아·중국·인도 등이다. 플로리다 주 탬파 만, 텍사스 주 엘패소처럼 각각 물 9,400만 리터, 1억 400만 리터를 매일 생산하는 곳을 포함한 미국 일부 지역에서도 담수화에 관심을 갖기 시작했다. 세계 최대 규모의 담수화 설비는 올해 완공 예정인 아랍에미리트의 제벨 알리 M(Jebel Ali M) 담수화 시설로, 이곳은 하루에 5억 3,000만 리터 되는 담수를 생산할 능력이 있다.

시간이 지날수록 이런 설비에 대한 수요는 늘어날 것이다. 피터 로저스(Peter Rogers)가 《사이언티픽 아메리칸》 2008년 8월호에 기고한 '물 공급 위기(Facing the Freshwater Crisis)'에 따르면, 오늘날 전 세계 인구 여섯 명 중

7-3

한 명, 즉 10억이 넘는 인구가 적절한 방법으로 안전한 물을 확보하지 못한다. 또한 이 글은 2025년이 되면 전 세계 절반이 넘는 국가에서 물 부족이 문제가 되거나 실제로 공급 부족이 일어날 것이며, 21세기 중반이 되면 전 세계 인구 4분의 3이 물 부족과 맞닥뜨릴 것으로 예측한다.

## 7-4 진퇴양난 : 물과 에너지의 대결*

마이클 웨버

*사이언티픽 아메리칸 12권 《에너지의 과학(The Future of the Energy)》(2017), 1-3에도 수록되어 있다.

2008년 6월, 플로리다 주는 조지아 주에 있는 저수지에서 조지아 주와 앨라배마 주의 경계를 따라 플로리다 주로 흐르는 애팔래치아 강으로 유입되는 수량을 줄이겠다는 육군 공병대의 계획에 반발해 육군 공병대를 상대로 소송을 제기하겠다는, 통상적이지 않은 발표를 했다. 플로리다 주는 수량이 줄어들면 일부 동식물의 생존이 위협받게 될 것을 우려했다. 앨라배마 주도 다른 동식물의 생존을 이유로 이 계획에 반대했다. 원자력발전소는 원자로의 열을 식히는 데 엄청난 양의 물이 필요하므로 보통 강이나 호수에서 물을 끌어다 쓴다. 줄어든 수량 때문에 앨라배마 주 도선(Dothan) 근처에 위치한 팔리(Farley) 원자력발전소를 폐쇄해야 할지도 모른다는 우려가 팽배했다.

조지아 주가 수량을 확보하려 한 데는 타당한 이유가 있었다. 1년 전에 가뭄 때문에 강의 수위가 낮아져서 원자력발전소 몇 곳을 가동 중지해야 했기 때문이다. 2008년 1월에는 상황이 아주 안 좋아서, 조지아 주의회 의원 중 한 명은 테네시 주와의 경계선을 1마일 북쪽으로 옮겨서 테네시 주의 물을 끌어다 쓸 수 있도록 해야 한다는 주장을 하기도 했다. 그는 그 근거로 최초에 주 경계를 정하는 데 쓰인, 1818년에 이루어졌던 측량이 잘못되었다는 이야기를 제시했다. 2008년 내내 조지아, 앨라배마, 플로리다 주 사이에 밀고 당기기가 계속되었다. 연방의회의 결정에 따라 수자원을 관리하던 육군 공병대는 이러지도 저러지도 못했다. 가뭄은 여러 이유 중 하나일 뿐이었다. 특히 애틀랜타를 중심으로 빠르게 증가하는 인구와 과도한 개발, 전혀 적절하게 이루어지지 못한 수자원 개발 때문에 이 지역의 강물은 빠르게 줄어들고 있는 상태였다.

물과 에너지는 현대 문명의 기초를 이루는 요소라고 할 수 있다. 사람은 물이 없으면 살 수 없다. 에너지가 없다면 식량을 생산할 수 없고, 컴퓨터를 동작시키거나 가정, 학교, 사무실에서 전기를 이용할 수도 없다. 전 세계의 인구가 지속적으로 증가하는 동시에 생활수준이 상승함에 따라 이 두 가지 자원에 대한 수요는 그 어느 때보다도 빠르게 증가하고 있다.

그런데 이들 중 어느 한쪽이 다른 쪽에 문제를 일으킬 것이라는 사실은 놀라울 정도로 과소평가되고 있다. 에너지를 생산하는 데는 엄청난 양의 물이 필요하고, 물을 운반하는 데도 엄청난 양의 에너지가 필요하다. 많은 사람들이 석유 가격이 치솟는 상황을 우려한다. 반면 물 가격이 오르는 것에 대한 우려를 하는 사람은 소수다. 그러나 둘 사이에 얽힌 문제에 대해 우려하는 목소리는 거의 찾아보기 어렵다. 물이 부족하면 더 많은 에너지를 생산하기도, 특히 에너지 가격의 상승 같은 문제를 해결하기도 힘들어지고, 결과적으로 더 많은 양의 깨끗한 물을 공급하기가 어려워진다.

이런 모순은 우리 주변에서 어렵지 않게 찾아볼 수 있다. 2008년 노스캐롤라이나 주 샬롯 근처의 노먼 호(Lake Norman)의 수위가 93.7피트까지 내려갔는데, 이는 듀크에너지(Duke Energy)의 맥과이어 원자력발전소가 운용되는 데 필요한 최소 수위에 30센티미터 이하까지 다가간 수준이었다. 라스베이거스 외곽에 있는 미드 호의 물은 콜로라도 강에서 유입되는데, 최근의 수위는 과거의 평균보다 100피트나 낮을 때도 많다. 수위가 50피트 더 떨어진다면 라스베이거스 시는 물을 제한 공급해야만 할 것이고, 이 호수에 연결된 후버 댐에 있는 거대한 수력발전용 터빈은 전기를 거의 생산하지 못하게 될 가능성이 높다. 그렇게 되면 사막에 세워진 이 거대한 도시는 암흑을 맞이하게 될 것이다.

미국지질조사국의 연구원 그레고리 맥카베(Gregory J. McCabe)는 이 문제를 의회에 지속적으로 알리고 있다. 그는 기후 변화로 인해 남서부 지역의 평균 기온이 화씨 1.5도만 상승해도 콜로라도 강이 네바다 주와 인근 여섯 개 주, 그리고 후버 댐의 물 수요를 감당할 수 없을 것이라고 주장한다. 올해 초, 캘리포니아 주 라호야에 있는 스크립스연구소(Scripps Institution)의 과학자들은 기후 변화가 지금처럼 계속되고 물 사용이 적절히 제한되지 않는다면 미드 호가 2021년이면 말라버릴 수 있다고 경고했다.

이와는 반대로 식수가 절대적으로 부족한 샌디에이고 시는 해안에 담수화 시설을 설치하고자 하지만 지역 환경단체들은 이 시설이 엄청난 에너지를 필요로 하기 때문에 에너지 부족 사태에 직면할 것이라고 주장하며 건설에 반대하고 있다. 런던 시장도 2006년에 같은 이유로 담수화 설비 계획을 거부했으나 후임 시장이 이 계획을 다시 살려냈다.* 우루과이의 도시들은 저

*이 후임 시장이 영국의 EU 탈퇴를 주도한 정치인 중 한 명인 보리스 존슨임.

수지에 있는 물을 식수로 쓸 것인지, 발전용수로 쓸 것인지를 선택해야 하는 처지다. 사우디아라비아는 석유를 외국에 판매하는 것이 나은지, 아니면 자기 나라에 부족한 것을 만들어내는 데 쓸지를 결정해야 한다. 바로 물이다.

발전소를 건설하면 물 공급에 문제가 생긴다는 사실을 분명히 알 필요가 있다. 또한 추가적인 에너지의 소모 없이 더 많은 정수시설과 수도 공급시설을 건설할 수도 없다. 이런 모순적 상황을 타개하려면 에너지와 수자원 문제를 전체적으로 다루는 국가 정책과, 다른 한쪽의 수급에 영향을 미치지 않는 혁신적 기술이 있어야 한다.

### 악순환

지구상에 존재하는 담수의 양은 약 800만 입방마일로, 인류가 1년에 쓰는 양의 수만 배에 달한다. 안타깝게도 그 대부분은 지하수와 만년설, 빙하다. 강이나 호수처럼 손쉽게 쓸 수 있고 다시 채워지는 형태로 존재하는 물의 양은 극히 일부에 불과하다.

게다가 손쉽게 접근이 가능한 물도 깨끗하지 않거나, 인구 밀집 지역에서 멀리 떨어진 곳에 있는 경우가 많다. 애리조나 주의 피닉스 시는 상당량의 물을 336마일에 걸친 수도관을 통해서 공급받는다. 물론 콜로라도 강에서 끌어오는 것이다. 도시에 공급되는 물은 종종 공장 폐수, 농업 폐수, 하수로 오염된다. 세계보건기구(World Health Organization, WHO)에 따르면 대략 24억 명의 인구가 물 공급에 심각한 문제가 있는 환경에서 살고 있다. 이를 해결하려면 물을 먼 곳에서 가져오거나 오염된 물을 근처에서 정수하는 방법이 필요하다. 하지만 두 방법 모두 에너지 소모가 많고, 결과적으로 물값이 비싸진다.

미국 전국적으로 볼 때 물을 가장 많이 사용하는 분야는 농업과 발전소다. 미국에서 생산되는 전기의 90퍼센트 이상이 석탄, 석유, 천연가스나 우라늄을 써서 열을 내는 발전소에서 만들어진다. 이런 발전소는 물먹는 하마나 마찬가지다. 발전소에서 냉각용으로 쓰이는 물만으로도 나머지 분야에 공급될 물의 양이 영향을 받는다. 물론 이렇게 쓰인 물의 상당 부분은 남아 있지만(일부는 증발한다), 이미 온도가 올라간 상태이기 때문에 생태계의 관점에서 보면 원래의 물과는 다른, 생태계를 위협하는 존재가 된다. 이런 폐수를 처리해야 하는지 아닌지는 여전히 논쟁거리다. 대법원은 발전소가 해당 지역의 물 공급과 수중 생태계에 미치는 영향을 최소화하도록 요구한 환경청의 규정과 관련된 다양한 사안에 대한 재판을 진행할 예정이다.

또한 물을 처리하고 때론 먼 거리에 전달하는 데도 많은 양의 에너지가 사용되고 있다. 두 산맥에서 건조한 해안 도시로 눈 녹은 물을 보내는 캘리포니아 송수관은 캘리포니아 주에서 전기를 가장 많이 소비하는 시설이다. 수도꼭지만 틀어도 물이 나오게 하려면 점점 더 먼 곳에서 깊이 땅을 파야만 한다. 인구는 많으면서 수자원은 멀리 떨어져 있는 국가들에서는 쉽지 않은 거대 프로젝트를 구상 중이다. 중국에서는 물이 풍부한 남부의 세 개의 강 사이 분지에서 물이 부족한 북부로 물을 보내기 위해 수천 마일에 달하는 송수관을 건설하려고 한다. 석유와 천연가스 사업으로 거부가 된 분 피켄스(T. Boone

Pickens) 같은 투자자들이 이제는 텍사스 주를 가로지르는 송수관 건설 같은 수자원 분야로 눈을 돌리고 있다. 엘파소 같은 도시는 염분이 있는 대수층 위에 담수화 설비를 건설하려 하고 있는데, 여기에는 많은 에너지와 자금이 필요하다.

한 가지 덧붙이자면 지방자치단체들은 공급받는 물과 배출하는 하수를 정수해야 하는데, 이것에만도 전국 전기 소비량의 3퍼센트가 쓰인다. 또한 위생 관련 기준은 갈수록 엄격해지는 경향이 있어 같은 양의 물을 처리하는 데 들어가는 에너지의 양도 따라서 증가하게 된다.

### 수입 석유에서 국내의 물로

자원을 둘러싼 선택은 지역 단위, 특히 남서부의 사막 지대처럼 사방이 땅이거나, 지형적으로 물에 둘러싸여 고립된 곳에서는 힘든 일이다. 도시의 경우 외부에서 담수를 공급받는 것과, 도시 지하의 깊은 대수층의 소금기 있는 물을 담수로 만들기 위한 전기를 공급받는 것 중에서 어느 쪽이 현명한 선택일까? 아예 주민들을 물이 있는 곳으로 이주시키는 것이 더 나은 것은 아닐까? 에너지가 무한정 공급된다면 물 공급에는 아무런 문제가 없겠지만, 설령 예산을 무제한으로 쓸 수 있다고 해도 정책 입안자들은 탄소 배출을 줄여야 한다는 압력을 받을 수밖에 없다. 또한 기후 변화로 인해 가뭄, 홍수, 강우 주기가 달라질 가능성도 배제할 수 없기 때문에, 물을 확보하기 위해 더 많은 에너지를 소모하는 방식은 매우 위험한 발상이다. 특히 미국 정부가 석유 수입 의존도를 낮추는 것이 에너지 문제와 안보 문제를 해결하는 최선의 방법이라는 결론을 내렸다는 사실을 고려하면 더욱 그렇다. 정부의 이런 시각은 2007년에 제정된 〈에너지 독립과 안보에 관한 법률〉을 비롯한 여러 법률에 잘 나타나고 있다. 석유 소비(탄소 배출도)의 많은 부분이 교통 부문에서 이루어지고 있기 때문에 정책 입안자, 기업가, 기술 개발자 들은 이 분야에 관심을 집중하고 있다. 휘발유 엔진을 대체하는 가장 유력한 방법으로는 전기 자동차와 바이오 연료가 제시되고 있다. 두 방법 모두 장점이 있지만, 두 가지 모두 현재의 시스템보다 훨씬 많은 물을 소비한다.

전기 자동차는 배출 가스를 수백만 대의 차량 배기관이 아니라 1,500곳의 발전소에서 관리하면 된다는 점 때문에 아주 매력적으로 보인다. 게다가 전력을 생산하는 기반시설이 이미 갖추어져 있기도 하다. 하지만 전력 생산에도 물이 필요하다. 텍사스주립대학교 오스틴 캠퍼스의 연구에 따르면 자동차용 휘발유를 생산하는 것과 비교해서 플러그인 하이브리드 자동차나 전기 자동차에 필요한 전기를 생산하는 데는 열 배, 주행거리당 세 배에 가까운 양의 물이 필요하다고 한다.

바이오 연료는 더 심하다. 최근의 연구에 따르면 바이오 연료용 농작물을 키우는 것에서부터 자동차에 바이오 연료로 투입되는 전체 과정에 투입되는 물의 양은 휘발유 자동차가 주행거리 1마일당 소비하는 물의 양의 20배가 넘는다. 미국의 자동차 연간 총 주행거리가 2.7조 마일이라는 점을 고려한다면 물 공급이 중요한 문제가 된다는 사실을 쉽게 알 수 있다. 바이오 연료 산업이 활성화되고 있는 것과 맞물려서 지방자치단체들은 이미 물 공급에 어려움을 겪고 있다. 일리노이 주의 샴페인과 어바나 주민들은 에탄올 공장이 연간 1억 갤런의 에탄올을 생산하기 위해 하루에 200만 갤런의 물을 끌어다 쓰려는 시도에 반대했다. 목장의 우물이 말라가기 시작하면 주민들의 반대는 더욱 거세질 것이다.

휘발유를 전기나 바이오 연료로 대체하겠다는 모든 시도는, 이런 계획의 지지자들이 이해하고 있건 아니건, 결국 국가적으로 수입 에너지에 대한 의존을 국내에서 공급되는 물로 바꾸겠다는 전략적 결정일 수밖에 없다. 당장 에너지 소비를 줄이는 것보다는 이편이 더 끌리는 선택이겠지만, 그러기에 충분한 물이 확보되어 있는지부터 생각해볼 필요가 있다.

### 새로운 시각의 필요성

미국, 혹은 전 세계가 어떤 에너지원을 선호하건, 생명체에게 훨씬 직접적이기도 하거니와 대체 불가능하다는 점에서 물이 궁극적으로 석유보다 훨씬 중요한 자원이다. 그리고 물이 저렴한 시대는 이제 끝나가고 있다. 이는 충분히 위기 상황이라고 할 만하지만, 아직 대중은 상황의 심각성을 깨닫지 못하고 있다.

석유 가격 상승으로 인한 자원 전쟁이나 대규모 공황과 같은 끔찍한 상황부터 그로 인한 새로운 기술 개발에 이르는 긍정적 변화에 이르기까지의 다양한 결과에 대해서는 이제 널리 알려져 있다. 공급 부족과 치솟는 가격은 이제 석유 가격이 최고점을 찍었다고 믿는 사람들조차도 가격에 대해서 확신하지 못하게 만들고 있다. 결국 정책 당국과 시장은 석유를 대체하기 위한 새로운 방법을 찾기 시작했다.

물 문제, 바람직하게는 두 가지 문제를 동시에 해결하려면 어떻게 해야 할까? 앞으로 석유 생산량이 감소하고 물 수요는 증가할 것이라는 예측을 바탕으로 본다면 상황은 결코 쉽지 않다. 물 생산에 점점 더 많은 에너지가 필요하기 때문에, 더 깊은 대수층에서 물을 퍼올리고 더 멀리까지 물을 보내려면 결국 화석연료에 의존하지 않을 수 없다. 석유 생산에 문제가 생기면 물 공급에도 문제가 생기는 구조인 것이다. 석유 공급에 문제가 생기면 생활이 불편해지지만, 물 공급에 문제가 생긴다면 훨씬 심각한 결과가 초래된다. 이미 전 세계적으로 수백만 명의 인구가 신선한 물을 공급받지 못해 죽어가고 있으며, 상황에 따라서는 열 배 이상의 속도로 증가할 수도 있다.

어쩌면 이정표가 될 만한 사건이 사회적 공감대를 형성하게 될지도 모른다. 캔사스 주는 수자원 사용을 둘러싼 소송에서 미주리 주에 패했는데, 이로 인해 결과적으로 캔사스 주의 농부들은 새로운 농작물 재배 방법을 찾아냈다.

한편 물 배급이 시행되면 물에 대한 사회적 인식이 크게 바뀔 수 있으며, 이미 그런 상황이 벌어지고 있다. 필자의 고향인 텍사스 주 오스틴에서는 이미 가정의 마당에 뿌리는 물에 대해 엄격한 규제를 가하고 있다. 기록적으로 낮은 적설량을 보인 캘리포니아 주는 각 자치단체에 수자원 보호와 더불어 마치 1970년대의 휘발유 제한 공급을 떠올리게 하는, 물 제한 공급을 실시하도록 했다.

아마도 머지않은 미래에 사람들은 검은 금(석유)을 태워서 만들어낸 값비싼 물을 마당 잔디에 주말마다 아낌없이 뿌려대던 오늘날을 향수에 잠겨 돌아보게 될 것이다. 또한 우리의 2세와 3세들은 부모와 조부모 세대가 왜 그렇게 멍청하게 살았는지 좀처럼 이해하기 힘들 것이다.

### 강제 해결책

물과 석유의 관계는 골치 아프긴 하지만 동시에 기회를 제공하기도 한다. 결코 풀 수 없는 문제가 아니다. 첫 단계는 미국의 정책 결정 과정을 통합하는 것이다. 물과 석유 자원은 서로 독립적이고, 에너지와 수자원 정책이 별개의 자금과 관리 체계에 따라 별도로 이루어지고 있긴 하지만, 정부가 전체적으로 관리하고 있는 것도 사실이다. 수자원 관리를 맡은 쪽에서 자신들이 필요한 에너지를 얼마든지 조달할 수 있다고 생각하고, 에너지 관리를 맡은 쪽에서는 물을 원하는 만큼 공급받을 수 있다고 여기게 놓아두기보다는, 두 주체가 함께 모여서 결정을 내리도록 해야 한다.

연방 정부에 에너지부가 존재한 지는 오래되었지만 수자원부는 없다. 미국환경보호위원회가 수질 관리를 담당하고, 미국지질조사국(U.S. Geological Survey)이 물 공급과 관련 자료를 수집하고 감시하고 있지만, 수자원이 효율적으로 사용되도록 책임을 지고 있는 부서는 없다. 의회는 내무부* 산하에(물은 중요한 자원이므

*미국 내무부는 천연자원의 보존과 개발을 담당하는 부서임.

로), 혹은 상무부 산하에(물의 경제적 역할을 고려할 때) 수자원 관리를 총괄할 단일 조직을 만들어야 한다. 역사적으로 볼 때 수자원이 해당 지역에서 조달되는 자원이었던 것도 수자원 관리에 관한 사항 대부분이 주나 자치단체에 맡겨져 있는 원인 중 하나다. 하지만 대수층, 하천, 수역이 여러 도시나 주에 걸쳐 있는 경우에는 각 자치단체에서 추진하는 정책은 실패로 이어지기 십상이다. 어느 도시가 이웃 도시의 물을 마음대로 가져다 쓴다면 어떻게 되겠는가?

에너지와 수자원을 관리하는 연방기관들은 통합된 정책을 만들어내야 한다. 예를 들어, 현재는 발전소를 증설하고자 할 때 신설되는 발전소가 미국환경보호위원회의 대기오염 기준을 충족한다는 것을 입증해야 한다. 마찬가지로 새로 설치되는 부서에서는 물 사용 기준을 충족시키도록 요구할 필요가 있다. 에너지 계획 입안자들은 함께 모여서 물 사용 허가권을 발급하는 것에 대해서 논의하고, 늘어나는 전력 소비량에 대한 대책을 세워야 한다. 발전소 입지 선정과 허가 과정에 수자원 전문가가 참여해서 물 부족 우려는 없는지에 대해서 의견을 개진할 필요도 있다. 이런 과정은 서로 협력을 통해서 어렵지 않게 이루어질 수 있는 것들이다.

기후 변화와 관련한 규제도 같은 방식으로 이루어져야 한다. 2008년, 대도시수도국협회(Association of Metropolitan Water Agencies)의 부회장 마이클 아르세노(Michael Arceneaux)는 당시 의회에서 진행 중이던 탄소총량제와 탄소거래제 관련 법안 논의와 관련해서, 해당 법안들이 시행되면 현재는 전혀 고려되지 않고 있는 물 공급에 문제가 생길 가능성이 높다는 점을 알리기 위해 의회를 상대로 1인 시위를 하기도 했다.

미국 정부 부처 간에 정책 협력이 긴밀해지면, 국가적 물 소비를 줄여주는 혁신적 기술이 나다날 가능성이 높아진다. 시작은 농업 부문에서부터 이루어져야 한다. 지금처럼 농지에 물을 뿌려서 물 대부분이 증발해버리는 방식이 아니라 점적 관개(drip irrigation) 방식을 이용하면 물 필요량이 훨씬 줄어들고 작물의 뿌리에 물을 직접 공급할 수 있다. 콜로라도 강 동쪽의 고원 지대에서는 점적 관개 방식으로 전환하는 것이 훨씬 유리하다. 이 지역 농장의 대부분은 미국 최대의 대수층인 오갈라라 대수층에서 물을 끌어쓰고 있으며, 이곳의 물은 강수량과 유입량을 훨씬 웃도는 매년 150억 입방야드의 속도로 줄어들고 있다. 현재 이 지역에서 사용되는 물의 94퍼센트가 관개에 사용되고 있다.

발전소의 냉각 방식을 수냉식에서 공냉식으로, 혹은 공냉-수냉 혼합식으로 바꾼다면 발전소에서 사용되는 물의 양을 획기적으로 감소시킬 수 있다. 공냉 방식은 더 비싸고 효율이 낮긴 하지만, 물을 사실상 거의 사용하지 않는다.

도시와 산업체에서 발생하는 폐수를 재활용하는 것도 이 폐수를 운반하는 데 드는 에너지를 줄이는 데 효과적이다. 많은 사람들이 "화장실에서 사용된 폐수를 정수해서 수돗물로 이용"하는 개념에 거부감을 갖지만, 우주 정거장에 있는 우주인과 싱가포르의 주민들은 이미 아무런 문제 없이 이런 식으로 만들어진 물을 마시고 있다. 이 방식이 널리 받아들여지긴 어렵다고 하더라도, 자치단체들이 정수된 폐수를 농업용과 산업용, 특히 발전소 냉각용으로 사용하는 데는 아무런 문제가 없다.

공학 기술의 진보도 수자원 관리에 들어가는 에너지 소모를 크게 줄여준다. 뉴욕 주 스토니브룩에 있는 스토니브룩 정수소에서는 보다 효율적으로 폐수를 걸러내고 염분을 제거하는 첨단 막을 개발 중이다. 누군가 최소한의 에너지로 정수하는 방법을 개발한다면 손쉽게 세계 최고의 부자가 될 수 있을 것이다.

지능형 모니터를 이용하면 가정과 상업시설에서 배출되는 폐수를 줄일 수 있다. 미국에선 한낮의 뜨거운 햇볕 아래(증발 효과가 최대 수준이고 물 공급 효과는 최저인)와, 한창 비가 쏟아지고 있는데도 스프링클러가 최고 출력으로 잔디밭에 물을 뿜는 장면을 어렵지 않게 볼 수 있다. 오스틴에 있는 아쿠워터사(Accuwater)는 센서와 소프트웨어, 인터넷을 이용해서 실시간 기상 정보를 바탕으로 급수량을 조절하는 시스템을 개발했다.

가정에서도 태양열을 이용해 물을 데우면 에너지가 많이 절감된다. 이 방법은 가격도 싸고, 고장날 염려도 별로 없으며, 입증된 기술로 충분히 경쟁력이 있다. 그러나 이 방법은 그다지 최신 기술로 보이지 않는 데다 연방 정부의 보조도 별로 없어서 아직까지 많이 확산되고 있지는 못하다.

어쩌면 사회적 선택이 필요할 수도 있다. 에너지와 물을 절약한다는 것은 옥수수로 만드는 에탄올 사용을 포기해야 한다는 의미다.

무엇보다 중요한 것은 물의 소중함을 깨달아야 한다는 점이다. 물이 값싸고 흔한 자원이라는 오래된 생각에서 벗어나야 한다. 물이 중요한 자원이라는 것을 인정한다면 그에 상응한 가격이 매겨져야 한다. 그렇지 않다면 물을 아껴야 한다는 목소리는 공허한 외침이 될 뿐이다.

물값이 제대로 매겨지기만 한다면, 미국 정부와 국민들은 물의 가격이 에너지 가격을 얼마나 상승시키고, 에너지 가격이 물값을 얼마나 올리는지 피부로 느끼게 될 것이다. 그러면 비로소 이 소중한 두 가지 자원을 동시에 보존할 수 있는 효과적인 방법을 찾겠다는 모순적 문제가 드러나게 될 것이다.

# 8

# 도시의 공공보건

# 8-1 오염에서 장애인을 구하기

레이첼 모렐로 프로쉬

피부색과 경제력은 미국 사회에서 점차 벽이 되어가며, 그 결과 경제적·인종적으로 분리된 공동체가 만들어진다. 이런 곳에 사는 주민들은 빈곤, 불량한 주택, 적절치 못한 영양 공급, 부족한 의료 혜택 등 과도한 스트레스 요인들과 마주해야 한다. 특히 발전소, 고속도로 소음벽, 화학 공장 등으로 인한 오염 때문에 주변 환경이 점점 나빠지는 것은 물론이다.

이런 각각의 불평등은 매우 해롭다. 그런데 미국국립과학아카데미(National Academy of Sciences) 의학연구소는 개인이 이런 상황에 복합적으로 노출되면 사회적 스트레스 요인들은 그런 오염이 일으키거나 악화시킨 질병을 막는 개인의 능력을 약화시키기 때문에, 당사자들을 "두 번 죽이는 것"이라고 지적했다. 실제로 대기오염이 호흡기 질환과 심혈관 질환을 일으키고, 저소득층의 조기 사망을 유발할 가능성이 높다는 연구 결과도 있다. 이런 위협 요소들이 합쳐지면 특히 태아, 유아, 청소년에게 해롭고, 고혈압이나 당뇨병을 앓는 성인에게도 위협이 된다. 빈곤한 농촌 지역 주민들과 캘리포니아 주 리치몬드처럼 도시 지역 저소득층이 거주하는 지역의 주민들은 어려서부터 천식을 앓는 경우가 많다. 이는 부분적으로는 이들이 적절치 못한 주거환경, 부족한 의료 혜택, 다양한 대기오염원에 노출되기 때문이다.

과학자들과 환경운동가들은 이런 이중 위험을 제거하려면 개선된 정책이 필요하다고 입을 모은다. 세 가지 중요한 행동이 필요하다. 첫째, 해당 지역, 주, 연방 정부 기관들은 관련 규제 제정에 일반 주민의 참여를 확대하고, 심지어 사회적 약자들도 여기에 참가하도록 해야 한다. 워크숍이나 시민 자문위원회, 심의위원회가 관련 이슈를 심사하게 한다. 이렇게 함으로써 주민들 사이의 정치적 영향력의 불균형을 완화할 수 있다.

둘째, 규제 당국은 여러 오염원에서 발생하는 오염의 영향을 복합적으로 평가해야 한다. 주민들은 거주, 직업, 여가 등을 통해서 다양한 오염원에 노출되기 때문에 특정 화합물, 특정 오염 설비만을 개별적으로 규제하는 전통적 방식으로는 공공보건 수준을 충분히 유지하기 어렵다. 건강을 위협하는 다양한 요소에 전체적으로 접근해야 한다.

셋째, 환경 규제와 규정에 예방 원칙이 통합되어야 한다. 특정 생산시설이나 오염원이 공공건강을 해친다는 것이 명확히 밝혀지지 않았더라도 과학적으로 그럴 가능성이 매우 높다면 규제가 실시되어야 한다. 인과관계를 밝히는 명확한 증거를 찾는 일이 끝없이 반복되면서, 환경 규제가 질병 예방을 통해 공공건강을 지키기 위한 것이라는 기본적 목표를 망각하는 경우가 많다. 다행히 각 주들이 예방 정책을 실시하기 시작했다. 매사추세츠 주의 독성물질 저감법은 폐기물과 유독성 배기가스를 감축할 방안을 찾으라고 기업들에 요구한다. 이 법이 시행된 1989년 이후, 기업들은 유독성 화학물질 배출을 91퍼센트나 줄였으며 1,500만 달러를 절감했다는 조사 결과도 있다.

복합 영향 평가와 예방 원칙은 정치적으로 논쟁의 소지가 있다. 연방, 주,

## 8-1

지방자치단체 관련 기관들이 예방과 형평의 원칙을 해당 프로그램과 정책에 반영하도록 오바마 행정부가 적극적으로 나설 수도 있다. 일례로, 현재의 재정 위기로 인해 미국은 오히려 국내에서의 석탄 채굴, 도시 한복판을 가로지르는 정체된 고속도로, 빈곤 지역 주변에 자리 잡은 정유시설 등과 상관없이 화석연료에서 벗어날 기회를 얻고 있다. 연방 정부와 주 정부는 환경 친화적 일자리를 만들어내는 사업에 투자해서 사회적 압력 요인을 완화할 수 있다. 사회정의와 경제개발, 지속 가능성이라는 목표를 연결하는 녹색 뉴딜 정책을 펼친다면 국민 건강 문제에 있어서 환경에 의한 불평등을 해소하는 오랜 여정을 시작할 수 있을 것이다.

# 8-2 녹색환경과 교도소

마조라 카터

필자는 사우스브롱크스에 거주한다. 뉴욕 시의 작은 지역인 이곳에 시 전체 상업 폐기물 40퍼센트 이상이 모여든다. 이곳에는 하수처리장 두 개, 발전소 네 개가 자리 잡고 있다. 매주 디젤 트럭 6만 대가 이곳을 지난다. 주민 약 50퍼센트가 빈곤선 이하 소득으로 살아간다. 천식으로 인한 입원율은 전국 평균의 일곱 배에 달한다.

안타깝게도, 주민의 인종과 계층에 따라 녹지와 폐기물 처리시설이 놓인 곳이 확연하게 구분된다. 이뿐만이 아니다. 좋은 학교가 있는 곳과 그렇지 못한 곳, 싸구려 마약과 비싼 마약이 팔리는 동네도 마찬가지다. 발전소, 트럭이 다니는 경로, 화학시설과 폐기물 처리시설은 정치적 영향력이 적은, 빈민층이 사는 곳에 엉성하게 설계되어 설치된다. 정책을 결정하는 사람들은 이런 곳에 살지 않기 때문이다.

'환경 정의'는 특정 공동체가 다른 곳에 비해 더 많은 환경적 부담을 안지 않아야 한다는 의미다. 이 원칙이 제대로 적용되면 여러 가지 성과를 얻을 수 있다. 대기, 물, 토양의 질이 깨끗해지면 주민들의 건강과 삶의 질이 높아지고 전체적으로 오염이 줄어든다. 사우스브롱크스 같은 '희생 지역'을 고칠 수 있다면 많은 것을 고칠 수 있다.

환경 정의는 사회적 문제도 개선한다. 미국 인구는 전 세계 인구의 5퍼센트에 불과하지만, 전 세계 교도소 수감 인구의 25퍼센트가 미국에 있다. '자유'의 나라에 말이다. 컬럼비아대학교의 연구에 따르면, 어린이들은 화석연료에 의한 배출가스에 많이 노출될수록 학습 능력이 떨어진다. 교육을 더 받을 가능성보다는 감옥에 갈 확률이 높아진다는 뜻이다. 빈곤은 범죄로 연결될 가능성이 많다. 합리적 녹색경제는 이런 불균형을 감소시키는 일자리를 만들어낼 뿐 아니라 환경도 개선한다.

필자는 이러한 개념을 증명하려고 2001년, '지속 가능한 사우스브롱크스(Sustainable South Bronx, 이하 SSBx)'라는 단체를 설립했다. 첫 번째 사업은 불법 쓰레기가 쌓인 곳을 공원으로 개발하는 것이었다. 그러고는 11마일에 이르는 거리를 주거지나 강과 연결되도록 재설계해서 사우스브롱크스 그린웨이(South Bronx Greenway)를 만들었다. 우리가 진행하는 브롱크스 환경 요원 트레이닝 프로그램은 실업자와 교도소 수감자들을 훈련한다. 그리고 이들에게 환경 친화 지붕 설치, 도심 숲 관리, 위험 폐기물 처리, 노후 건물의 에너지 효율 증가를 위한 개조와 관련된 자격을 부여한다. 또한 이런 직종이 필요하도록 관련 법의 통과를 위해서도 노력한다. 한편 2007년에는 환경 친화 지붕 설치 사업을 시작했다. 현재는 매사추세츠공과대학교와 함께 컴퓨터와 제작기계를 이용해서 폐기물을 새로운 자재로 바꾸는 제작 실험실(Fabrication Laboratory)을 운영한다.

이외에도 다양한 SSBx 프로그램이 환경을 개선하고 지역 일자리를 만들어낸다. 빈곤에 허덕이는 사람이 줄어들수록 우리가 오늘날 목격하는 잘못된 결정을 하지 않을 가능성이 높아진다. 이런 노력이 다른 공동체에서도 이루어진다면 경찰과 교정 업무에 필요한 비용도 줄어들 테며 따라서 교육과 건설적 경제개발에 더 많은 자금을 투입할 수 있다. 현재 많은 정치인들이 환경에 대해서 이야기하지만, 여전히 녹색경제보다는 새 교도소를 짓는 데 더 많은 돈을 쓴다.

정치인들이 자신들의 행동으로 인한 사회적 결과를 이해하도록 만드는 데는 "교도소 대신 녹색 일자리(green jobs, not jails)"라는 짧은 구호로 누구나 힘을 보탤 수 있다. 이 접근법을 쓰면 다양한 혜택이 돌아온다. 대부분의 환경 관련 주요 프로젝트는 주요 인사들이 참여하는 행사를 알리면서 시작된다. 그런데 환경을 생각하는 바람직한 '그린 뉴딜 정책(Green New Deal)'을 시행한다면 예산 낭비와 탄소 배출을 줄이면서 주민들 건강도 증진할 수 있을 것이다.

# 8-3 빈민촌 주민에게 정보를 제공하는 빈곤 지도

래리 그리너마이어

경제적 기회는 도시의 삶이 제공하는 장점으로 보이지만, 대부분의 도시에서 빈민촌을 찾아볼 수 있는 것도 사실이다. 사람들은 보통 빈곤의 원인을 정부나 빈곤층 자체의 문제로 바라보는 경향이 있다. 수도, 전기, 화장실 등 기본 시설이 부족한 곳을 표시해서 빈곤 정도를 보여주는 지도가 도시 운영자들의 필요에 의해서 이미 몇십 년 전에 만들어졌다. 그러나 최근 일부에서 이 정보를 관료들뿐 아니라 주민들에게도 직접 공개해서 자신들의 문제를 장기적·주도적으로 해결하게 해야 한다는 일부 의견이 있다.

2007년 이후 비영리단체인 CHF 인터내셔널(CHF International)은, 인도와 아프리카의 도시 빈곤 지도를 작성하는 '도시와 함께하는 빈민촌 공동체 주거환경 개선(Slum Communities Achieving Livable Environments with Urban Partners, 이하 SCALE-UP)'이라는 이름의 프로그램을 진행 중이다. "우리가 작업 중인 도시들에는 빈곤과 빈민가에 관련된 쓸 만한 정보가 거의 없습니다." CHF의 인도 빈민가 환경 개선, 도시화 및 기후 변화 담당자 브라이언 잉글리시(Brian English)는 말한다. CHF는 1952년, 미국 도시와 농촌의 저소득층 가구를 위한 저가격 주택 공급을 목표로 협동주택재단(Foundation for Cooperative Housing)이라는 이름으로 설립되었다.

CHF가 빈민가 지도를 만드는 이유는 왜 빈곤이 특정 지역에만 집중되는

지, 개선책은 무엇인지 알아보려는 데 있다. 현재 빌 앤 멜린다 게이츠 재단에서 900만 달러의 자금을 지원받는 SCALE-UP 프로그램은 인도의 세 도시 방갈로르·나그푸르·푸네와 가나의 세 도시 아크라(수도)·세콘디(인접한 항구 도시)·타코라디에 집중한다. 카리브 해의 섬나라 아이티에서도 일부 작업이 시작되었다.

### 빈민촌에 관한 자료가 부족한 이유

빈민촌 관련 자료가 부족한 이유는 여러 가지가 있다. 지방 행정기관이 어떤 지역을 빈민촌으로 규정하면 의무적으로 주민 건강 관련 복지 혜택이나 상하수도 등 기반시설을 제공해야 하는 경우가 종종 있다. 잉글리시는 말한다. "행정기관으로서는 빈민촌에 이러한 것을 제공할 준비가 되기 전까지는 가급적 관련 자료를 수집하지 않아야 합니다. 그래야 공식 통계에 빈민촌으로 반영되지 않기 때문이죠. 달리 말하면, 정책 입안자들이 비영구적 주거 상황에 대해서 애써 모른 척한다고도 해야겠지요."

이에 더해, 일부 도시에서는 해당 지역 행정기관이 사용하는 오래된 조사 자료로 파악하는 것보다 빈곤이 극심한 지역이 아주 빠르게 늘어난다. 또한 잉글리시에 따르면, 개발도상국에서 정부가 실시하는 실태 조사는 빈곤층 주민들의 정부에 대한 불신 때문에 정확한 답변을 확보하지 못해 실제와 동떨어진 결과를 얻는 경우도 많다.

## 8-3

### 빈곤 지도 제작

일반적으로 빈곤 지도 제작의 첫 단계는 지리 정보 시스템 소프트웨어에 어떤 지역을 빈민촌으로 표시할지 결정하는 기준을 마련하는 것이다. 가나의 경우 에스리(Esri)의 아크지아이에스(ArcGIS) 소프트웨어가 사용되었다. 이렇게 함으로써 CHF와 협력기관들은 특정 지역에 원하는 조건을 적용해서 자료를 분석하고 파악하게 된다. 또한 CHF는 위성사진과 측지용 이동식 GPS 기기를 활용해서 지도의 정밀도를 높인다. “누구나 기존 지도에 정보를 추가할 수 있는, 워킹 페이퍼(Walking Paper) 같은 오픈소스(open-source) 플랫폼을 이용해서 지도를 만든 뒤 위키 방식을* 적용했습니다. 웹 기반의 오픈스트리트맵(OpenStreetMap)을** 만든 셈이지요.”

*위키피디아(wikipedia)처럼 불특정 다수가 관련 정보를 업데이트하는 방식.

**누구나 편집 가능한 공개 지도 데이터를 만드는 프로젝트.

CHF가 비영리단체 ‘마하라슈트라 사회적 주거 및 행동연합(Maharashtra Social Housing and Action League, MASHAL)’과 협력해서 만든 푸네 지역 지도는 현재까지 이들이 만든 것 중 가장 완성도가 높으며 477군데 빈민촌에 대한 정보를 담았다. 잉글리시에 따르면 CHF는 이 중 360개 마을에 더욱 심도 깊은 사회경제학적 조사를 실시했다. 8만 5,000가구가 설문에 응했는데 이는 인구 43만 명에 달한다. 이처럼 더욱 상세한 자료를 확보하기 위해 CHF는 각각의 마을을 스물다섯 가구씩 소단위로 나눈 뒤, 자원자가 자신이 속한 각각의 소단위 가구들의 정보를 수집하게 했다. 질문은 각 가정에 자신만의 화장실이 있는지, 공공화장실을 쓰는지(그렇다면 무료인지), 아니면 그냥 공터를 이용하는지 등이었다.

### 빈곤에 대한 정의

정부란 빠르게 움직이는 곳이 아니란 사실을 잘 아는 CHF는 해당 주민들과 정보를 공유했다. 잉글리시는 말한다. "자료를 수집한 자원자들에게 통계 요약본을 배포해서 주민들과 함께 보도록 했습니다." 각 가정이 공동 문제가 무엇인지 이해하고, 상황 개선을 위해 스스로 움직이기를 원했기 때문이다.

푸네에서 있었던 한 가지 경우를 예로 들면, 정보를 공유한 몇몇 가정의 남편이 지나치게 술을 많이 마시고 아내를 학대한다는 사실을 알게 되었다. 또한 잉글리시에 따르면, 이들이 마시는 술은 대부분 상점 한 곳에서 공급된다는 사실을 알게 되어 결국 문제 해결을 위해 이 가게를 폐쇄하기까지 했다. 정보 공유를 통해 배수로 건설, 학교 중퇴자를 위한 교육, 여성 도서관 등 푸네에서만 약 85건의 프로젝트가 실시되었다.

SCALE-UP 프로젝트의 특징은 빈곤을 폭넓게 정의하는 데 있다. 가나의 경우 전통적으로 빈곤은 오로지 소득에 따라서 규정되었다. CHF가 가나에서 세 번째로 큰 도시 지역인 세콘디-타코라디 지역을 대상으로 제작한 빈곤 지도는 주거 문제 해결 능력, 방의 개수와 주택 밀도, 고체 폐기물 수거 서비스, 화장실과 수도, 소득 등을 모두 고려했다고 CHF의 가나 지부장 이시마엘 애덤스(Ishmael Adams)는 설명한다. 2010년 세콘디-타코라디 시의회의 협력을 받아 발간된 이 지역 연구 결과에 따르면, 조사 대상이었던 어느 빈민촌에서는 400가구 중 단 한 가구만이 화장실이 있었다. 나머지 주민 9,000명은 1958년에 지은 공동 화장실을 사용했다.

애덤스는 세콘디-타코라디 시장이 빈곤 지도에 큰 관심을 보였고, 이 지도를 시의 중기 발전계획 수립에 이용했다고 전해주었다. 그는 말한다. "CHF가 여러 곳의 빈민촌 현황을 보여주는 지도를 만든 덕택에 현재 가장 도움이 필요한 지역부터 30개가 넘는 새 프로젝트가 진행 중입니다." 여기에는 세콘디-타코라디 내의 빈민촌들(Ngyersia, Kojokrom, Kwesimintsim, New Takoradi)에 상수도와 화장실 시설을 짓는 사업이 포함되어 있다.

애덤스는 말한다. "이 프로젝트는 가나나 인도만을 위한 것이 아닙니다. 전 세계 어디서나 적용 가능한 기법이고, 여러 기관에서 유사한 작업을 진행 중입니다."

### 더 좋은 도시를 위해

물론, CHF 인터내셔널 말고도 도시 빈곤 지도를 만드는 곳은 많다. 뉴욕 시 유나이티드웨이(United Way)와 뉴욕커뮤니티서비스협회(Community Service Society of New York)도 2008년 뉴욕을 대상으로 같은 지도를 만들었다. 미국 통계청은 2005년 조사 결과를 바탕으로 한 지도를 보유하고 있고, 세계은행은 전 세계 국가를 대상으로 한 상세한 지도를 갖고 있다.

잉글리시는 말한다. "이 프로젝트의 가치는 지도에 필요한 자료가 정책 결정자들만을 위해서 수집되고 정리된 것이 아니라는 데 있습니다. 해당 지역사회에 자료가 공유되어 자생력을 높여줍니다. 해당 정부의 어느 부서와 이야기할지 알려주고, 그럴 대상이 없다면 스스로 해결하기 위해 무엇을 해야 할지 알려줍니다." 그는 빈민촌이 그저 도시화의 결과물이 아니라 잘못된 정책과 빈민 소외의 결과이기도 하다고 덧붙였다. "그러므로 언젠가는 빈민촌이 완전히 사라질 거라고 상상하긴 어렵지만, 빈민촌 없는 도시의 달성이 불가능한 것만도 아닙니다."

# 8-4 포틀랜드에 천연두가 퍼진다면…

크리스 배럿·스티븐 유뱅크·제임스 스미스

테러리스트가 시카고에 세균을 퍼뜨렸는데, 보건 당국은 인력과 자원이 부족하다. 이런 상황에서 신속하게 가장 효과적 대책을 선택해야 한다고 상상해보자. 항생제 대량 배포가 질병 확산을 막는 최선의 방법일까? 아니면 대규모로 감염자를 격리해야 할까? 전 세계적 인플루엔자 유행 조짐에 대비하기 위해 각국이 비축한 다량의 항바이러스제를 치사율 높은 신종플루가 퍼져나가는 아시아에 보내야 한다면? 물론 이런 대책이 성공한다면 전 세계적 위기를 막을 수 있다. 하지만 실패한다면 약품을 제공한 국가는 질병 방비에 허술한 상태가 되어버린다.

공공보건 담당자들은 몇천 명, 심지어 몇백만 명의 목숨이 달렸을 뿐 아니라 경제적·사회적 붕괴를 불러올 수도 있는 결정을 해야 한다. 게다가 참고할 만한 과거의 역사적 경험도 부족하다. 1970년대에 아프리카 마을들을 덮친 천연두 박멸에 사용한 방법이 21세기 미국 도시에서도 최선의 방법이라 보기는 어렵다. 재난이 일어나기 전에 다양한 조건을 가정하고 최선의 방법을 찾아두어야 한다. 이를 위해 재난이 "만약 일어난다면"이라는 전제하에 현실적으로 적용 가능한 여러 가지 시나리오를 시험할 연구소가 보건 당국에 필요하다. 로스앨러모스국립연구소(Los Alamos National Laboratory)에서 우리 연구진이 사상 최대 규모의 개인 기반 역학 시뮬레이션 모형 에피심스를 만든 이유가 여기에 있다.

수많은 인구 속에서 일어나는 개인 간의 접촉을 모형화한다는 건 감염자 수를 추측하는 것과는 차원이 다른 일이다. 질병이 사람들 사이에서 퍼져나가는 경로를 모형화함으로써 어디서 가장 효과적으로 질병 확산을 차단할지 알아내야 한다. 일상적 경제 활동에 필요한 다양한 시설 교통망, 생필품, 사치품 등 모든 것이 인간에게 전염병이 퍼져나가는 매개가 된다. 이런 사회망을 세심하게 모형화해서 구조를 파악하면 질병이 확산될 때 사회구조에 미치는 영향을 최소화하면서, 이를 어떻게 변형해 질병을 차단할지 파악하는 것이 가능하다.

### 역학 모형을 통한 대응책

세균이 질병의 원인이라는 이론이 나타나기 오래전, 런던의 의사 존 스노우(John Snow)는 영국에서 20년간 사망자 몇만 명을 만들어낸 콜레라가 물 공급망을 따라 퍼진다고 주장했다. 1854년 여름, 그는 소호 지역에서 전염병이 퍼졌을 때 자신의 이론을 시험해보았다. 지도에서 그는 직전 10일간 숨진 500명의 집을 표시하고 이들이 어디서 물을 구했는지 적어두었다. 사망자 모두가 브로드 거리에 있는 펌프에서 퍼낸 물을 마셨다는 사실을 알아내자, 스노우는 관리들에게 펌프 손잡이를 없애 펌프를 쓰지 못하게 하라고 조언했다. 그 결과 사망자는 616명에서 멈추게 되었다.

스노우가 했듯이 희생자 개인의 활동과 그가 접촉한 사람을 찾아나가는 방식은 현대 역학의 주된 접근 방법이다. 오늘날 공공보건과 관련된 정책을 마련하면서 수학적 모형에 의존하는 것은 보건 당국에는 전혀 낯선 방법이 아니다. 그런데 질병 확산을 이해하고 예측하는 데 이용되는 대부분의 수학적 모형은 다수의 사람들이 집단적으로 접촉하는 상황만을 가정한다. 그럴 수밖에 없는 한 가지 이유는 접촉성 전염병이 피져나가는 원리에 관한 모형을 개발하는 사람들의 전문지식이 부족하기 때문이다. 또 다른 이유는, 사람들이 사회적으로 서로 어떤 식으로 접촉하는지 보여주는 현실적 모형이 존재하지 않기 때문이다. 세 번째 이유는 수많은 인구의 움직임을 모형화하는 데 필요한 기술적 방법도, 이에 필요한 계산을 감당할 능력이 있는 컴퓨터도 확보하지 못했기 때문이다.

그 결과, 역학 모형은 통상 특정 질병의 '감염 수', 즉 한 명의 환자에게서 혹은 한 곳에서 감염된 환자의 수에 의존하게 된다. 대개 이 값은 유사한 사건에 노출되었던 사람들의 문화, 환경 조건, 건강 상태 등이 현재 상황과 크게 다른 경우에도 과거의 유사한 상황에 근거해서 유추된다.

실제로는 이런 부분의 차이가 문제가 된다. 감염 가능성이 있는 인구 중 실제 감염자의 비율은 개인의 건강, 감염자와의 접촉시간과 형태, 병균의 특성에 따라 결정된다. 질병 확산을 더욱 잘 표현하는 모형은 질병이 한 사람에게서 다른 사람에게 옮아갈 확률을 알아내야 한다. 그러려면 질병 자체의 특성과 각 개인의 건강 상태뿐 아니라 해당 집단 내 모든 사람들의 조합 사이에서 상세한 상호작용을 시뮬레이션할 수 있어야 한다.

이런 역학 모형을 개발하려는 시도는 최근까지도 단지 100명에서 1000명의 집단을 대상으로 하는 수준에 머물렀다. 모형이 양로원 거주자와 직원, 방문자 등 모든 개인의 며칠 또는 몇 주간의 행동 내역이 확보되는 실제 집단의 특성에 근거해야 하기 때문이다. 수많은 사람의 정보를 계산하는 과정에도 기술적 어려움이 있다.

우리 연구팀은 고성능 슈퍼컴퓨터 클러스터와 10여 년 전 로스앨러모스국립연구소에서 도시계획 용도로 개발되었던 트랜심스(TRANSIMS)라는 모형을 활용해서 몇백만 명을 대상으로 개인 간의 접촉을 모형화한 역학 모형을 만들어내는 데 성공했다. 트랜심스 프로젝트는 도로의 신설과 우회도로 건설, 기타 교통 관련 기반시설의 효과를 더욱 잘 이해하려는 목적으로 진행되었다. 트랜심스를 이용하면 실질적인 도시환경에서 많은 인구가 움직이는 것을 모의실험을 통해 알아볼 수 있었다. 이렇게 트랜심스는 개인 몇백만 명의 상호작용을 모형화하는 에피심스 개발의 좋은 시작점이 되어주었다.

현재는 에피심스를 여러 도시에 적용할 수 있지만, 원래의 트랜심스는 오리건 주 포틀랜드 시만을 대상으로 해서 개발한 프로그램이다. 트랜심스에 들어 있는 가상의 포틀랜드 시에는 자세한 디지털 지도, 철도, 도로, 교통 표지판, 교통신호, 기타 교통 기반시설 등의 자료가 들었으며 교통 패턴과 이동시간에 관한 정보를 생성한다. 18만 군데 위치를 표현하는 데 공개적으로 입수 가능한 자료가 이용되었고, 인구를 160만으로 가정하고 이들의 하루하루 움직임을 가상으로 만들어서 사용했다.

이 모든 정보를 컴퓨터 모형에 입력하면 많은 인구가 접촉하는 패턴에 대한 최선의 추정치가 계산된다. 에피심스에서는 가상의 병원균을 인구에 퍼뜨려 병균이 퍼져나가는 모습을 관찰하고, 다양한 대응책이 어떤 효과가 있는지 알아볼 수 있다. 이 모형은 모의실험을 통해 질병이 퍼지는 과정을 알아보는 데 더해 사람들의 사회적 접촉에 관한 이해를 향상시키는 흥미로운 결과를 보여주었다. 이는 동시에 전염병 대응에 대한 중요한 내용을 암시해주기도 한다.

### 사회 연결망의 특성

사회 연결망이 실질적으로 어떤 것인지, 역학에는 어떻게 적용될지 가상의 인물 앤이 하루를 보내는 모습과 그녀가 만나는 사람들을 통해서 알아보자. 그녀는 아침 식사를 하며 식구들과 잠시 시간을 보내고, 출근길을 걸으며 다른 사람들과 가볍게 신체 접촉을 한다. 직업 종류에 따라 다르겠지만, 일을 하면서 열 명 남짓 되는 사람과 만난다. 각각의 만남은 짧을 수도, 길 수도 있으며, 상대방과의 물리적 거리도 다양하다. 점심시간이나 퇴근 후 쇼핑을 하다 보면 집으로 돌아올 때까지 공공장소에서 의도하지 않게 조금씩 모르는 사람과 접촉하기도 한다.

이 내용을 앤을 한가운데에 놓고, 앤과 접촉한 사람을 주변에 배치한 후 선으로 연결하는 그림으로 표현할 수 있다. 앤이 만난 사람들도 앤과 마찬가지로 다양한 활동을 하고 또 다른 사람들과 만난다. 이렇게 '접촉한 사람들이 접촉한 사람', 예를 들면 앤의 친구 봅이 만난 사람들과도 모두 선을 이어 표시할 수 있다. 봅이 만난 사람을 앤이 만나지 않았다면 이 사람은 앤과는 2단계

떨어져 있다. 이처럼 임의의 두 사람 사이의 최단 접촉 단계 수를 둘 사이의 그래프 거리 혹은 격리도라고 한다.

전 세계 인구가 최대 여섯 명의 지인을 거치면 모두 연결된다는 잘 알려진 통념을 여기에 적용하면, 전 세계 사람이 6단계 격리도 이내에 모두 포함된다고 볼 수 있을 것이다. 물론 실제로 이렇지는 않지만, 배우 케빈 베이컨(Kevin Bacon)이 영화에 함께 출연했던 배우들 사이의 사회 연결망과 관련해 이야기한 것을 바탕으로 만든 게임은* 유명세를 타기도 했다.

* 케빈 베이컨의 6단계 법칙(Six Degrees of Kevin Bacon).

수학계에는 다작으로 유명한 뛰어난 수학자 고(故) 폴 에르되쉬(Paul Erdös)와 공동 저술로 이어진 수학자들 사이의 연결 관계를 나타내는 '에르되쉬 수(Erdös number)'라는 개념이 있는데, 이 개념은 격리도와 유사하다.

인터넷을 포함해서 학술지에서의 인용, 살아 있는 세포의 단백질 사이의 상호작용 등 여타 연결망에서도 이처럼 연결의 '중추(hub)'가 나타나는 경향이 발견된다. 특정 위치, 사람, 분자가 동종의 다른 요소에 비해 압도적으로 많은 연결을 갖는 것이다. 어떤 연결망에서 두 점을 잇는 최단 경로는 마치 항공사 노선처럼 보통은 이 중추를 경유하는 경우가 많다. 기술적으로는 이처럼 k개의 연결을 가진 연결망의 중추 수 N(k)가 k에 지수적으로 비례할 때 이 연결망을 '규모에 무관(scale-free)'하다고 한다.

규모에 무관한 연결망은 중추 가운데 어느 한 곳에라도 문제가 생기면 심각한 타격을 입는다. 일부 학자들은 이 개념을 질병 확산에도 확대 적용했다. 만약 어떤 집단에서 가장 활발하고 사교적인 사람이 '중추' 감염자이고 이 사람을 찾아내 연결망에서 제외할 수 있다면, 이론적으로는 나머지 사람들에게 큰 영향을 미치지 않고 질병 확산을 멈출 수 있다. 하지만 우리 연구팀이 에피심스를 이용해서 분석한 바에 따르면 사회 연결망의 기능은 물리적 사회 기반시설처럼 손쉽게 정지시킬 수가 없었다.

모의실험에서 가상의 포틀랜드에 있는 여러 장소들의 연결을 규정하는 것은 이곳을 왕래하는 사람들이므로, 진정한 의미에서 규모에 무관한 구조를 보여주며, 몇몇 장소는 핵심 중추로 기능한다. 그 결과, 학교나 쇼핑몰같이 중추가 되는 장소들은 질병 확산을 감시하거나 질병 매개체의 존재를 파악하기 위한 센서를 설치하기 좋은 곳이라고 할 수 있다.

도시의 사회 연결망에는 평균보다 훨씬 많은 사람들을 만나는 사람들이 존재한다. 교사나 판매원 등은 이들이 일하는 장소 자체가 중추가 되기 때문이다. 한편 중추를 통과하지 않는 수많은 '최단 경로'도 존재하므로, 중추가 되는 사람만을 대상으로 한 방법으로는 질병이 도시에 퍼지는 속도를 생각만큼 늦추지 못할 것이다.

사실, 연구에서 밝혀진 실제 사회 연결망의 특성 중 예상치 못했던 것은, 그야말로 은둔자가 아닌 다음에야 모든 사람이 각각 작은 규모의 중추나 마찬가지라는 점이었다. 예를 들어 학생 네 명으로 된 매우 작은 집단의 접촉 상황만 살펴보더라도 이 집단이 한 단계만 거치면 훨씬 큰 집단에 연결된다는 사실을 알 수 있다. 이런 사회 연결망 구조를 표현하다 보면 중추들이 계속 연결되면서 확장 그래프라고 부르는 원뿔 모양 그림이 나온다. 이 그래프가 역학적 관점에서 갖는 가장 중요한 의미는, 각 단계에 위치한 사람의 수가 이전 단계보다 항상 많아서 질병이 지수적으로 급속하게 확산되는 사실을 잘 보여준다는 것이다.

이론적으로 보면, 이는 보건 당국이 질병 확산을 멈추기 위해 어떤 조치를 한다 해도 가장 중요한 것은 대처 방법이 아니라 대처 속도라는 사실을 알려준다고 할 수 있다. 에피심스를 이용해 질병 확산을 모의실험해봄으로써 이 이론이 얼마나 맞는지 알아볼 수 있다.

### 천연두의 습격

2000년에 에피심스를 개발한 뒤 첫 번째 모의실험 대상 질병으로 천연두를 선택했다. 그 이유는 생화학 테러 대비계획을 맡은 정부 당국자들이 종종 서로 모순되는 요구 사항에 직면하기 때문이다. 미국에 천연두 바이러스가 퍼진다면 대규모 확산을 막기 위해 대대적으로 백신을 접종해야 할까? 아니면 천연두에 노출된 사람과 이들이 접촉한 사람에게만 백신을 접종하면 되는 걸까? 대규모 격리의 효과는? 보건 업무 종사자, 경찰, 기타 관련 인력의 수를 고려할 때 이런 대책들에는 현실성이 있을까?

이런 질문의 답을 찾기 위해 가상의 인구에게 천연두를 퍼뜨리는 모형을 만들어보았다. 1970년대에 천연두가 박멸된 후 지구상에 천연두에 감염된 사람은 존재하지 않기 때문에 천연두 전파가 어떤 모습을 띨지 알기는 매우 어렵다. 하지만 대부분의 전문가들은 천연두 바이러스에 감염되려면 감염자 또는 오염된 사물과 분명한 접촉을 해야 한다는 데 의견을 같이한다. 천연두에 감염되어 독감과 비슷한 증상을 보이고, 이어서 피부 발진이 일어나기까지 잠복기는 평균 대략 10일이다. 일단 증상이 나타나면 감염자들은 다른 사람에게 천연두를 전염시키며 금방 열이 오른다. 적절한 치료를 받지 못하면 이 상태의 환자 중 30퍼센트가 사망하지만, 나머지는 회복해서 면역력을 갖게 된다.

천연두에 노출되기 전 혹은 감염 후 나흘 내에 백신 접종을 받으면 천연두의 진전을 막을 수 있다. 모의실험에서는 보건 관련 종사자와 감염자의 접촉 경로를 파악하는 인력은 모두 미리 백신 접종을 받아 면역력이 있는 상태라고 가정했다. 여타 수많은 전염병 모형과 달리 우리 연구팀이 수행한 모의실험은 실제에 가깝도록 접촉자의 시간적 순서도 고려했다. 만약 앤이 천연두에 걸렸다면 동료 봅을 일주일 전에 감염시켰을 수는 없다. 혹은 만약 앤이 감염된 후 봅을 감염시키고, 이어서 봅이 가족인 캐리를 감염시켰다면, 앤에게서 증상이 나타나고 전염성을 갖기 시작한 후 캐리가 감염될 때까지 적어도 잠복기의 두 배 이상 시간이 걸린다.

모의실험에서는 우리 연구팀이 만든 질병 모형을 가지고 가상의 인구 중 면역력을 가진 사람들을 통해서 대학 캠퍼스를 포함한 시내 몇몇 중추 장소에 천연두 바이러스를 퍼뜨렸다. 처음엔 1,200명이 자신도 모르는 사이에 감염되었고, 이들은 몇 시간이 지나자 일상적 움직임을 따라 시내 전역에 퍼져나갔다.

이후 시 주민을 대상으로 대규모 백신 접종하기, 감염자와 접촉한 사람 추적하기, 이들 중 백신을 접종하거나 격리 대상으로 선정할 사람을 파악하기 등 정부의 공식적 대응 몇 가지를 모의실험에 추가했다. 최종적으로는 아무런 조치를 하지 않는 상황도 모의실험에 포함해 그 결과를 비교하기로 했다.

각각의 상황에서 최초 희생자가 발생하고 4, 7, 10일이 지난 다음 대응을 시작했다. 또한 감염자가 자신의 집에서 자발적으로 격리되는 것도 가능하도록 했다.

각각의 모의실험 기간은 100일이었으며, 각 시나리오의 정확한 사상자 수는 각각의 대응책이 사망자 수에 미친 상대적 효과에 비하면 덜 중요했다. 실험 결과는 사회 연결망을 확장 그래프 구조에 기반해서 바라본 이론적 예측을 뒷받침해주었다. 사망자 수를 줄이는 데 압도적으로 중요한 요소는 시간이었다. 병이 퍼진 후 감염자들이 집 밖으로 나오지 않고 머물게 하는 데, 혹은 당국이 이들을 격리하는 데까지 걸린 시간이 천연두 확산 정도를 결정하는 가장 중요한 결정 요인이었다. 두 번째로 영향이 큰 요소는 보건 당국이 대응하는 데 걸리는 지체시간이었다. 이에 비해 어떤 대책을 사용하는지는 결과에 큰 차이를 만들어내지 않았다.

이 모의실험은 실제로 천연두가 퍼질 경우 대규모 백신 접종을 하는 것은 접종 자체로도 위험성이 있기 때문에 바람직하지 않다는 사실을 보여준다. 그보다 신속하게 감염자를 찾아낸 뒤 대상자를 선별해서 백신을 접종하는 것으로도 마찬가지 결과를 얻을 수 있다. 실험 결과는 전염성이 높은 질병이 퍼질 때 격리 조치와 더불어 보건 관계자들에게 적절한 수준의 사법권을 부여하는 것이 매우 중요하다는 사실을 뒷받침한다.

물론 보건 당국의 적절한 대응은 현실적으로 사용할 수 있는 대응책 유무에 따라 결정된다. 일례로, 모의실험에서는 공기를 통해 전염되는 병균을 시카고에 퍼뜨려 대응 방법에 따른 비용과 효과를 분석해보았다. 접촉자 추적, 학교 휴교, 도시 폐쇄 등은 각각 몇십억 달러의 손실을 가져왔지만 대대적·자발적으로 항생제를 이용하는, 훨씬 비용이 적게 든 경우와 의학적 결과에 거의 차이가 없었다.

우리 연구팀은 최근 국립의학연구소(National Institute of General Medical Sciences)가 조직한 '감염 질병 매개체 연구(Models of Infectious Disease Agent Study, MIDAS)'라는 연구망에 참여해, 에피심스를 이용해 전 지구를 위협할 수 있는 자연 발생적 질병인 대규모 인플루엔자의 역학 모형을 만드는 성과도 이루었다.

### 독감과 미래

2005년, 매우 독성이 높은 변종 인플루엔자가 아시아의 조류 사이에서 번졌고 일본, 타이, 베트남에서는 40명이 이 인플루엔자에 감염되어 이 중 30명 이상이 사망했다. 세계보건기구는 H5N1이라 이름 붙은 이 치명적 변종 독감이 더 많은 사람을 감염시키고, 조류를 통하지 않고 사람들 사이에 퍼지는 건 시간문제라고 경고했다. 독감이 전 세계적으로 대유행해서 사망자 몇천만 명을 만들어낼 수 있다는 의미다.

MIDAS에 참여한 연구진들은 아직 감염자가 소수일 때 신속히 대응해서 사람들 사이에서 H5N1 바이러스의 확산을 억제하고 이를 박멸하는 것이 가능한지 연구할 예정이다. 사람들 사이에서 바이러스가 퍼질 가능성이 있는 적절한 조건을 가정해서 실험하기 위해, 동남아시아의 농장을 중심으로 주변의 여러 소규모 마을에 모두 50만 명의 인구가 거주하는 가상 지역을 만들었다. 모의실험에 사용될 인플루엔자 바이러스는 과거 독감이 대유행했을 때의 자료와, 현재 심도 있게 연구되는 H5N1 바이러스 관련 정보를 이용해서 만들었다.

H5N1이 이 바이러스의 효소 중 하나인 뉴라미니다아제(neuraminidase)를 억제하는 항바이러스제에 약하다는 사실은 이미 알려져 있다. 뉴라미니다아제는 모의실험에서 치료제 겸 예방제로 쓰인다.

우리 연구진의 바람은 사람들의 행동과 질병의 확산을 실제에 가깝게 모형으로 표현함으로써 보건 당국이 '만약 이런 일이 발생한다면'이란 질문에 힘들지만 가장 바람직한 결정을 내리도록 보건 당국을 돕는 것이다.

컴퓨터를 이용해 도시환경에서 사람들의 움직임을 표현하는 트랜심스 같은 모형이 개발됨으로써 에피심스가 탄생할 수 있었다. 역학 연구는 이런 모형을 응용한 사례의 단적인 예일 뿐이다. 현재 우리 연구팀은 환경 및 대기오염·통신·교통·지역 시장·물 공급·전력망 등 여타 사회적·기술적 기반 체계를 연계하는 모의실험 기법을 개발 중이며, 이를 통해 현실에서 일어나는 다양한 종류의 문제에 답을 찾는 가상 실험실을 구축하려 한다.

# 출처

1 Cities of the Future

1-1 David Biello, "Gigalopolises : Urban Land Area May Triple by 2030", Scientific American online, September 18, 2012.

1-2 William E. Rees, "Building More Sustainable Cities", Scientific American online, March 12, 2009.

1-3 David Biello, "Can a Self-Supporting City Rise in the Middle Eastern Desert?", Scientific American online, August 19, 2011.

1-4 David Biello, "How Green Is My City", *Scientific American* 305(3), 66~69. (September 2011)

1-5 Michael Easter and Gary Stix, "Street Talk", Scientific American Online, April 3, 2012.

2 Drivers : Innovation and Creativity

2-1 Carlo Ratti and Anthony Townsend, "The Social Nexus", *Scientific American* 305(3), 42~48. (September 2011)

2-2 Edward Glaeser, "Engines of Innovation", *Scientific American* 305(3), 50~55. (September 2011)

2-3 Luis M. A. Bettencourt and Geoffrey B. West, "Bigger Cities Do More with Less", Originally published : Scientific American Online, September 28, 2010.

2-4 Robert Neuwirth, "Global Bazaar", *Scientific American* 305(3), 56~63.

(September 2011)

3 Facing Climate Change

3-1 David Biello, "How Can Cities Adapt to Climate Change?", Scientific American online, June 16, 2010.

3-2 Josh Boak, "Chicago Goes Green", *Scientific American* 18(6), 46~51. (December 2008)

4 Efficient Buildings

4-1 Kate Wilcox, "LEED Certifications Changes Cities", Scientific American online, June 12, 2009.

4-2 Daniel Brook, , "MisLEEDing?", *Scientific American* 18(3), 54~59. (September 2008)

4-3 Amy Kraft, "Fixing Manhattan's Green Roofs", Scientific American online, May 17, 2013.

4-4 Mark Lamster, "Castles in the Air", *Scientific American* 305, 76~83. (September 2011)

5 Renewable Power

5-1 David Roberts, "Tapping Distributed Energy in 21st-Century Cities", Scientific American online, June 15, 2010.

5-2 David Biello, "The Start-Up Pains of a Smarter Electricity Grid", Scientific American online, May 10, 2010.

5-3 George Musser, "How Home Solar Arrays Can Help Stabilize the Grid", Scientific American online, May 24, 2010 and June 1, 2010.

5-4 Jane Braxton Little, "Clean Energy from Filthy Water", *Scientific American* 303, 64~69. (July 2010)

6 Easy Transport

6-1 John Matson, "Taking back the Streets for Pedestrians, Cyclists and Mass Transit", Scientific American online, June 15, 2010.

6-2 Mark Fischetti, "Predictive Modeling Warns Drivers before Jams Occur", *Scientific American Mind* 19(1), 30~35. (February 2008)

6-3 Linda Baker, "How to Get More Bicyclists on the Road", Scientific American online, October 16, 2009.

6-4 Stuart F. Brown, "Revolutionary Rail", *Scientific American* 302, 54~59. (May 2010)

7 Clean Water

7-1 Luciana Gravotta, "Using Nanotechnology to Filter Drinking Water", Scientific American online, May 7, 2013.

7-2 Larry Greenemeier, "UV Light as Disinfectant", Scientific American online,

January 28, 2009.

7-3 Larry Greenemeier, "California City Uses Desalination to Quench Thirst", Scientific American online, April 23, 2012.

7-4 Michael E. Webber, "Catch 22 : Water vs. Energy", *Scientific American Mind* 23, 26~27. (November / December 2012)

8 Urban Health

8-1 Rachel Morello-Frosch, "Saving the Disadvantaged from Pollution", Scientific American online, June 25, 2009.

8-2 Majora Carter, "Why Building Green Can Keep People Out of Jail", Scientific American online, September 26, 2008.

8-3 Larry Greenemeier, "Urban Poverty Atlases Provide Data to Slum Dwellers", Scientific American online, August 18, 2011.

8-4 Chris L. Barrett, Stephen G. Eubank and James P. Smith, "If Smallpox Strikes Portland…", *Scientific American* 292, 54~61. (March 2005)

# 저자 소개

게리 스틱스 Gary Stix, 《사이언티픽 아메리칸》 기자

다니엘 브룩 Daniel Brook, 도시 전문 저술가

데이비드 로버츠 David Roberts, VOX 뉴스 기자

데이비드 비엘로 David Biello, 《사이언티픽 아메리칸》 기자

래리 그리너마이어 Larry Greenemeier, 《사이언티픽 아메리칸》 기자

레이첼 모렐로 프로쉬 Rachel Morello-Frosch, UC 버클리대학교 교수

로버트 뉴워스 Robert Neuwirth, 도시 문제 전문 기자

루이스 베텐코트 Luis M. A. Bettencourt, 산타페연구소 교수

루치아나 그라보타 Luciana Gravotta, 과학 전문 기자

린다 베이커 Linda Baker, 자유기고가

마이클 이스터 Michael Easter, 과학 전문 기자

마이클 웨버 Michael E. Weber, 텍사스대학교 교수

마조라 카터 Majora Carter, 도시 전략가, 방송인

마크 램스터 Mark Lamster, 텍사스대학교 교수

마크 피셰티 Mark Fischetti, 《사이언티픽 아메리칸》 기자

스튜어트 브라운 Stuart F. Brown, 환경 전문 저술가

스티븐 유뱅크 Stephen G. Eubank, 버지니아주립대학교 교수

앤서니 타운센드 Anthony Townsend, 도시개발 전문가

에드워드 글레저 Edward Glaeser, 하버드대학교 교수

에이미 크래프트 Amy Kraft, 과학 및 환경 전문 기자

윌리엄 리스 William E. Rees, 브리티쉬컬럼비아대학교 교수

제인 브랙스턴 리틀 Jane Braxton Little, 과학 및 환경 전문 기자

제임스 스미스 James P. Smith, 과학 전문 기자

제프리 웨스트 Geoffrey B. West, 산타페연구소 교수

조쉬 보크 Josh Boak, 과학 전문 기자

조지 머서 George Musser, 《사이언티픽 아메리칸》 기자, 과학 저술가

존 맷슨 John Matson, 과학 저술가

카를로 라티 Carlo Ratti, MIT대학교 교수

케이트 윌콕스 Kate Wilcox, 건강 전문 기자, 뉴욕시립대학원 강사

크리스 배럿 Chris L. Barrett, 버지니아주립대학교 교수

**옮긴이**_김일선

서울대학교 공과대학 제어계측공학과를 졸업하고 같은 학교 대학원에서 석사와 박사 학위를 받았다. 삼성전자, 노키아, 이데토, 시냅틱스 등 IT 분야의 글로벌 기업에서 R&D 및 기획 업무를 했으며 현재는 IT 분야의 컨설팅과 전문 번역 및 저작 활동을 하고 있다.

한림SA **17**

스마트 시티는 어떻게 건설되는가?

# 미래의 도시

2017년 10월 15일 1판 1쇄
2021년 4월 12일 1판 2쇄

엮은이 사이언티픽 아메리칸 편집부
옮긴이 김일선

펴낸이 임상백
기획 류형식
편집 박선미
제작 이호철
독자감동 이명천, 장재혁, 김태운
경영지원 남재연

ISBN 978-89-7094-879-9 (03530)
ISBN 978-89-7094-894-2 (세트)



펴낸곳 한림출판사 | 주소 (03190) 서울시 종로구 종로12길 15
등록 1963년 1월 18일 제 300-1963-1호
전화 02-735-7551~4 | 전송 02-730-5149 | 전자우편 info@hollym.co.kr
홈페이지 hollym.co.kr | 블로그 blog.naver.com/hollympub
페이스북 facebook.com/hollymbook | 인스타그램 instagram.com/hollymbook

표지 제목은 아모레퍼시픽의 아리따글꼴을 사용하여 디자인되었습니다.